华章 IT

U0310698

数据科学与工程技术丛书

DATA SCIENCE AND ANALYTICS WITH PYTHON

数据科学与分析
Python语言实现

[英] 赫苏斯·罗格尔-萨拉查（Jesús Rogel-Salazar） 著

白皓 刘江一 上官明乔 刁娟 译

机械工业出版社
China Machine Press

图书在版编目（CIP）数据

数据科学与分析：Python语言实现／（英）赫苏斯·罗格尔-萨拉查著；白皓等译．—北京：机械工业出版社，2019.3

（数据科学与工程技术丛书）

书名原文：Data Science and Analytics with Python

ISBN 978-7-111-62317-5

I. 数… II. ① 赫… ② 白… III. 软件工具 - 程序设计 IV. TP311.561

中国版本图书馆 CIP 数据核字（2019）第 052611 号

数据科学与分析：Python 语言实现

出版发行：机械工业出版社（北京市西城区百万庄大街 22 号　邮政编码：100037）

责任编辑：赵亮宇　　　　　　　　　　　　　责任校对：李秋荣

印　　刷：北京瑞德印刷有限公司　　　　　　版　　次：2019 年 4 月第 1 版第 1 次印刷

开　　本：185mm×260mm　1/16　　　　　　印　　张：14.75

书　　号：ISBN 978-7-111-62317-5　　　　　定　　价：69.00 元

凡购本书，如有缺页、倒页、脱页，由本社发行部调换

客服热线：（010）88379426　88361066　　　　投稿热线：（010）88379604

购书热线：（010）68326294　　　　　　　　　读者信箱：hzit@hzbook.com

版权所有·侵权必究

封底无防伪标均为盗版

本书法律顾问：北京大成律师事务所　韩光 / 邹晓东

译 者 序

数据科学家目前在 AI 领域炙手可热，被誉为"独角兽"一样的人才，但也并非高不可攀，本书就为立志成为数据科学家的读者提供了可行的实践指南。

本书从 Python 入门开始，逐步实现数据分析、机器学习等通用算法，进而讨论数据科学家的典型工作流程，最后从实践入手，由浅入深，精选决策树、降维技术、支持向量机等数据分析案例，让读者能逐步理解晦涩的公式、理论并上手操作，从而满足不同层次读者的需求。

本书的翻译由四位来自 IT 界的工程师通力协作完成，其中来自京东的白皓负责完成前言以及第 1 ～ 2 章的翻译，来自京东的刁娟负责第 3 ～ 4 章的翻译，来自 IBM 的刘江一负责第 5 ～ 7 章的翻译，来自 IBM 的上官明乔负责第 8 ～ 9 章以及附录的翻译。

感谢华章公司的王春华编辑给了我们四人体悟知识并传递知识的宝贵机会，并在翻译过程中给予我们许多指导意见。不过由于译者本身水平的局限性，书中译文不妥和错误之处在所难免，恳请读者赐教，一起学习进步。

译 者

2018 年 12 月 6 日于北京

前　　言

本书是与创业公司、历史悠久的企业以及各行各业（从科学、媒体到金融）中各级资历的人员进行非常有趣的讨论、辩论和对话的结晶。本书旨在成为数据分析师和新兴数据科学家的参考指南，因为他们虽然在编程和统计建模方面拥有一定的工作经验，但并未深入研究数据分析和了解机器学习所能创造的奇迹。本书以 Python [○]作为工具来实现和利用当今数据科学和数据分析中使用的一些通用算法。

平心而论，感兴趣的读者总可以找到很多非常有用的工具和平台，例如优秀的开源 R 项目[○]或 SPSS®、SAS® 等专业项目。这些都非常值得推荐，它们有各自的优势（当然也有弱点）。但是，鉴于我在实现和解释算法方面的经验，我发现 Python 是一个非常具有可塑性的编程工具。这让我想起与一位在一家大型咨询公司工作的经验丰富的分析师的对话，他提到用 Python 完成所有机器学习或数据科学相关的任务是不可能的，我其实并不赞同他的观点。诚然，虽然对于某些特定任务可能有更合适的工具，但将它们全部集中在一个工具中去实现确实是一项艰巨的工作。考虑到这一点，本书中使用 Python 语言来证明我的选择并没有错：Python 是一种流行的多功能脚本和面向对象的语言，它易于使用，并且拥有一个由开发人员和爱好者组成的大型活跃社区，还有丰富多彩的 iPython/Jupyter Notebook[⊜]交互式计算环境支持，它已经被商界和学术界使用了很长一段时间。我们将在本书中展示用 Python 进行机器学习以及数据科学分析的无限可能。

本书的主要目的是向读者介绍数据科学和分析中使用的一些主要概念，以及使用

⊖　Python Software Foundation (1995). Python reference manual. http://www.python.org
⊜　R Core Team (2014). R: A language and environment for statistical computing. http://www.R-project.org
⊜　iPython / Jupyter Notebook 是一个灵活的基于 Web 的计算环境，它将代码、文本、数学和绘图结合在一个文档中。详见 http://ipython.org/notebook.html。

Python 开发的工具，如 Scikit-learn[⊖]、Pandas[⊖]、NumPy[⊛]等。本书旨在为程序员和开发人员以及数学、物理、计算生物学和工程等科学领域的毕业生提供跨入数据科学和分析领域的桥梁。根据我的经验，我想读者目前所拥有的知识背景和技能是非常宝贵的财富。然而，在许多情况下，由于日常活动所需的纵向专业局限，大家的横向知识面难免有些模糊。因此，本书可以作为数据科学和分析领域的相关指南。本书将着重展示流行算法及其使用背后的概念和思想，但不会探讨它们在 Python 中的实现细节。如果确实有相关需求，请参考使用这些算法的开源系统是如何实现的。

本书中包含的示例已在 Mac OS、Linux 和 Windows 7 下的 Python 3.5 中进行了测试，并且对代码进行最少的更改，就可以使其在 Python 2 发行版中运行。作为参考，本书中使用的一些软件包的版本如下：

- Python - 3.5.2
- Pandas - 0.19.1
- NumPy - 1.11.2
- Scikit-learn - 0.18
- StatsModels - 0.6.1

值得注意的是，我选择 Continuum Analytics 提供的 Anaconda Python 发行版®，因为它可以在上面提到的 3 种计算机系统中安装，并且具有可以直接从发行版本中提供丰富的类库生态系统的优势，更重要的是，它几乎适用于所有用户。还有一些其他方法可以获得 Python 以及其他版本的软件，例如，直接来自 Python 软件基金会（Python Software Foundation®），以及来自 Enthought Canopy®的版本，或者来自 Homebrew[⊕]等软件包管理器。Anaconda 提供了一个简单的安装和维护软件的环境，为用户减少了很多麻烦。我假设读者通过脚本或在 Shell 中交互式地工作。

本书会将代码以如下形式显示：

⊖ Pedregosa, F., G. Varoquaux, A. Gramfort, V. Michel, et al. (2011). Scikit-learn: Machine learning in Python. *Journal of Machine Learning Research 12*, 2825–2830
⊖ McKinney, W. (2012). *Python for Data Analysis: Data Wrangling with Pandas, NumPy, and IPython.* O'Reilly Media
⊛ Scientific Computing Tools for Python (2013). NumPy. http://www.numpy.org
⊗ Continuum Analytics (2014). Anaconda 2.1.0. https://store. continuum.io/cshop/anaconda/
⊗ Python 软件基金网址为 https://www.python.org。
⊗ Enthought Canopy 下载地址为 https://www.enthought.com/products/epd/。
⊕ Homebrew 下载地址为 http://brew.sh。

```
> 1 + 1 # Example of computer code

  2
```

我们使用一个尖括号（>）来表示 Python Shell 中显示的命令行终端提示符。请注意，在 iPython 交互式 Shell 或 iPython / Jupyter Notebook 中可以使用相同的命令，但外观和给人的感觉可能会有很大不同。

本书各个章节之间相互独立，以便读者可以轻松地将章节内容用作参考，而不像教科书那样上下文联系紧密。不可避免地，某些章节中会引用其他章节的内容，出现这种情况时我会适时指出。我还想借此机会声明，本书中所提供的代码实现并不是唯一的或最好的编程方式。编程就像写作，我们都知道 26 个英文字母如何书写，但这并不意味着我们都能写出莎士比亚的诗，这是一个创造性的过程，因此"条条大路通罗马"。我很高兴收到大家关于书中代码实现的反馈意见。

我们从使用过程和最终期望获得的结果的角度讨论数据科学和分析是什么，以此来开始本书的第 1 章。我们特别关注数据探索过程以及在应用算法和分析之前需要进行的数据清洗过程。

在第 2 章中，我们将复习 Python 语言的一些重要特性，目的是回顾一些重要的命令和说明，为本书的其余部分提供基础。这也将使我们有机会了解后面章节中将会使用的一些命令和指令。

在第 3 章中，我们将介绍机器学习、模式识别和人工智能的基本要素，这些要素是我们将在本书其余部分使用的算法和实现的基础。

学习到第 4 章时，我们已拥有了必要的基础，可以开始学习通过 StatsModels 和 Scikit-learn 使用 Python 实现回归分析。本章还介绍了使用广义回归线性模型的要点。

在第 5 章中我们讨论了聚类技术，而第 6 章则讨论了分类算法。这两章是数据科学工作流程的核心：聚类使我们能够以无监督的方式为数据分配标签；反过来，我们可以将这些标签用作分类算法中的目标。

在第 7 章中，我们介绍了分层聚类、决策树的使用以及套袋和助推等集成技术。值得注意的是，集成技术已成为数据科学家的常用工具，建议重点学习本章。

降维技术将在第 8 章中讨论。我们将介绍主成分分析和奇异值分解等算法。作为一个应用程序，我们将讨论推荐系统。

　　最后一章，也是很关键的一章——在第 9 章中，我们将介绍支持向量机算法以及回归和分类等应用程序中所有重要的核心技巧。

　　正如之前提到的那样，本书的诞生得益于我与学术界和商业界同事的讨论和交流，非常感谢他们的意见和建议。我还要特别感谢 CRC 出版社的 Randi Cohen 编辑以及技术评审人员。最后，写作本书也离不开家人和朋友的鼓励。这本书献给你们所有人！

读 者 指 南

本书旨在成为鹿角兔（jackalope）般的数据科学家——从初学者到经验丰富的从业者的实践指南。书中介绍的内容是在我与同事、学生互动的过程中总结的，我对这些材料进行了系统化的组织。

建议按照章节顺序阅读本书。但是，考虑到不同层次的读者可能有不同的需求，因此下列指南可能有助于阅读。

- 对数据科学感兴趣的读者：
  - 从第 1 章开始，了解数据科学的全貌以及用鹿角兔形容数据科学家的原因。
  - 阅读第 3 章，了解机器学习的相关内容。
  - 确保真正理解这两章的内容，这些内容将有助于了解数据科学家这一角色。
- 对于初学者：
  - 如果你没有编程背景，请从第 2 章开始阅读，其中介绍了 Python 的快速入门知识。
  - 通过阅读第 1 章和第 3 章来了解更多有关数据科学和机器学习原理的信息。
- 对于熟悉 Python 的读者：
  - 可以大胆跳过第 2 章，直接进入第 4 章。
- 经验丰富的读者可能会发现按主题阅读本书更容易：
  - 回归：
    - 普通最小二乘法（第 4 章）。
    - 多元回归（第 4 章）。
    - LASSO 和 Ridge 回归（第 4 章）。
    - 用于回归的支持向量机（9.1.3 节）。
  - 聚类：
    - $k-$ 均值（第 5 章）。

- ■ 分层聚类（7.1 节）。
- ○ 分类：
  - ■ KNN（第 6 章）。
  - ■ 逻辑回归（第 6 章）。
  - ■ 朴素贝叶斯（第 6 章）。
  - ■ 用于分类的支持向量机（9.1.4 节）。
- ○ 决策树和集成技术将在第 7 章中讨论。
- ○ 推荐系统将在 8.4 节中介绍。
- ○ 文本操作示例将在 6.4.2 节中提供，其中将推文作为主要数据源。
- ○ 8.2.1 节和 8.3 节中提供了图像处理示例。

目　录

第 1 章

数据科学家的试验与磨难

工具的使用使得数据能够发挥越来越大的作用，帮助企业和研究人员基于数据提供的证据来做出结论和决定。从进行回归分析到确定数据特征之间的关系，或用于改进电子商务所用的推荐系统，我们每个人每天都会用到数据科学和分析。本书旨在为那些对数据科学和分析感兴趣的人提供一个使用 Python[⊖]（一种流行的编程语言，可用于各种平台，并广泛应用于商业和学术界）来了解这一主题的视角。

在本章中，我们将介绍什么是数据科学，以及它与从数学到智能商业、从编程到设计的各个学科之间的关系。我们将讨论如何成为一个好的数据科学家和如何构建一个数据科学团队。我们还将概述数据科学和分析项目的典型工作流程，并将从中感受到数据科学家在工作中所遇到的各种挑战和困难。

1.1 数据？科学？数据科学！

使用数据作为支持决策的证据并非什么新鲜事。"统计学"的本意，就是分析和解释与国家有关的信息，如经济和人口数据。现在，"统计学"也被理解为数学的一个分支，涉及数据的收集、分析、解释和呈现；或者更通俗地说，是基于大数据的研究，从而获得某些事实或直观的数据呈现。只要看一看某天的新闻，你一定会看到关于支持（或不支持）某项新举措、计划或者提案的有关统计数字、比例和百分比的消息。由此可见，数据无处不在，我们一直在使用它。

那么，什么是"科学"？你可能还记得上学时老师教的定义：科学是一个基于可检验的证据和（对客观事物进行）预测的知识系统。注意这里又提到了关键词——证据。

⊖ Python 的使用将贯穿本书，请熟悉并掌握它！

到目前为止，并没有什么让人吃惊的，对吧？简单地说，科学的方法是利用数据及其分析来获取、修正和整合知识。然而，数据科学不仅仅是统计数据或直接分类数据那么简单。那么我们应该如何理解"数据＋科学"[⊖]？

什么是数据科学

数据科学和分析在学术和专业领域的地位日益突出。简而言之，可以将数据科学理解为从各种数据来源中获取知识和相关洞察力。实现这一目标需要具备各种技能：从编程到设计，从传统数学到如何生动地用数据讲述故事。

毫无疑问，"数据科学"一词是我们这个时代特有的新词。然而，这个词不仅已经开始被使用，甚至在某种程度上被滥用。正如我们前面提到的，数据科学比数据和科学的涵盖面要广，尽管它不可避免地涉及这两个概念。

目前，可以将数据科学看作一个萌芽领域，广泛应用在各个行业以及学术研究中。这个新兴领域的定义是难以捉摸的，在本书中，我们将把数据科学和分析看作与数据相关的一系列任务的叠加，如数据收集、提供和准备、分析和可视化、管理和存储，然后利用经验科学、数学、商业智能、机器学习和人工智能来开发相关工具。最终通过这些任务做出有效、可行的决策。

对于企业来说，应用数据科学和分析在数据中获得有价值的信息，将带来巨大商机，并且受到广泛欢迎。然而，这是一项非常具有挑战性的任务。谷歌（Google）、Netflix 和亚马逊（Amazon）等公司已经证明，对用户数据进行存储和分析将提升品牌的竞争力。如今，收集大量数据比以往任何时候都更容易、更便宜，并且移动设备正在成为一种无处不在的存在。这使得企业，特别是初创企业，具备了能够足不出户就开发数据科学产品的能力。

典型的数据科学产品示例将更好地解释企业想要回答的问题，这些问题驱动我们获取和选择适当的数据，以便对感兴趣的领域提供深入见解。我相信你也可以拿出一些相关例子，下面是我所想到的，借此可以更容易地阐明数据科学的作用，仅供参考：

- 哪种产品与另一种受欢迎的产品结合起来会卖得更好？**购物车分析**
- 下一届选举中谁将当选（基于利益体系的价值最大化）？**预测分析**
- 如何吸引客户在门户网站上花更长时间？**电子商务**
- 是否有可识别的通用模型，使我们能够描述不同的销售代理、客户或企业组？**聚**

⊖ 数据科学 ≠ 数据＋科学！

类分析和市场细分

- 如何根据广告类型将广告精准地投放到对应的网站上？**广告及营销**
- 如何根据客户的兴趣爱好向其推荐相关产品？**推荐系统**
- 在报纸和社交媒体上有哪些最新报道和大新闻可能会对相应的行业产生影响？**社交媒体分析**
- 考虑到某人的兴趣和爱好，谁可能是其合适的潜在合作伙伴？**在线服务**
- 我们如何保护自己潜在的敏感信息，并对所存储的信息给出积极的反应？**网络安全**
- 我们如何区分有效的文件（例如，在电子邮箱中从无效的或无关紧要的垃圾邮件中甄选出有价值的邮件）？**分类分析**
- 如何确定零售交易记录是否有效？**预防诈骗**
- 在特定的时间或地点，对某一特定服务的需求是什么？**需求预测**

这些都是各领域的企业（不论规模大小）决策者长久以来所思考的问题。那么，我们为什么要重新寻找答案呢？主要的原因是我们想知道用相关数据（无论大小）进行计算机科学和技术统计，会对日常生活产生怎样的影响。

在上述要素之外，可访问的数据集可能是最重要的数据集，因为没有这些数据集，技术本身所提供的洞察力将相当有限，毕竟逸闻趣事和道听途说并不代表真实的数据。尽管如此，仍需要注意的是，这并不意味着每一个（要处理的）数据科学案例都属于大数据范畴，特别是当我们考虑到形容词"大"可以是一个相对的概念时。

关于数据科学和分析的结论，需要记住的是，在大多数情况下，它们不会像魔术一样揭示数据中隐藏的模式或关系，而在预测分析的情况下，它们也不会确切地告诉我们未来将会发生什么。

相反，它们使我们能够预测将来可能发生什么。换句话说，一旦我们进行了一些建模，考虑到模型中的约束和假设，以及每个场景中可接受的可靠性水平，我们仍然有许多工作要做，以便理解所得到的结果。

同样，拥有准确、及时的数据也是一个必要的前提，这些数据可以很容易地被用来解释建模结果，并实时反映应用程序的状态。因此，决策者以及IT和业务利益相关方必须花时间了解所需要的信息，并做好准备：某些数据可能不适合。事实上，令人沮丧的是有些数据可能缺乏必要的特性，因而不适合用于建立预测模型。然而，最好在建模之前就认识到这一点，而不是依靠不合适的结果输出来做出影响企业发展的决定。

虽然数据科学可能还没有被认为是一个明确定义的学科，但大学中的学术研究团队和很多企业培养的程序员的数量却已经出现了健康的增长。这是一个自然的结果，因为我们需要信息灵通的、有能力的专家，我们可以把这些专家称为数据科学家（最近，行业中对有能力的数据科学家的需求旺盛）。那么，数据科学家究竟是做什么的？谜底将在本书中揭开。

1.2 数据科学家：现代鹿角兔

上述数据科学工作者在完成着一系列看似不相关的任务，"现代鹿角兔"似乎是描述这些统计学家或商业分析师的另一种更时尚的方式。然而，我们必须承认统计学家或者商业分析师和数据科学家存在差距，一名数据科学家所需的技能所涉及的不但包括大量统计和商业领域的知识，还包括计算机科学、数学、建模和编程方面的基础，良好的沟通技巧也是必备的。图 1.1 显示了这些技能及其关系的简化图。

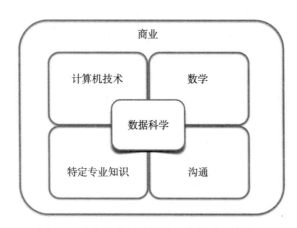

图 1.1 数据科学所需技能及其关系的简化图

从这个意义上讲，数据科学家的角色不仅要收集和报告数据，还必须能够从多个有利的角度看待商业应用程序或流程，确定主要问题和后续行动，以及使用现有数据的最合适的方法。

就特征而言，数据科学家有很强的好奇心，随时准备探索和提出问题，审查假设和分析过程，测试假设和尝试解决办法，并根据结论向利益相关方和决策者传达结论、建议和警告。

数据科学家目前在科学领域，就如同文艺复兴时期传播新思想、新文化的角色，难怪尽管被评为 21 世纪最时髦的职业，并且对这类人员的总体需求不断增加，但仍然很难找到具备适当技能的人来填补这些职位。这导致数据科学家被称为"独角兽"（Unicorns）。

独角兽作为传说中一种美丽、神秘、难以驯服甚至难以捕捉的生物，其象征意义在某种程度上可以用来描述数据科学家。然而在我看来，独角兽更具有一种威严、庄重感，而数据科学家则显得通俗一些，因此这种比喻可能并非完全合适[○]。

企业在试图招募数据科学家时，更有可能遭遇人才短缺的境遇，因为企业已经为这个角色设定了内部预期。然而目前没有人能够达到该预期，因此企业常常将数据科学家看作独角兽般的存在。不幸的是，存在这样想法的企业非常多。

为了解决这一问题，我坚信需要使用一个新形象来代表数据科学家。我经常对同事或者那些将数据科学家看作独角兽的人提及一个新形象，在我看来，它比现在的形象更合适：它仍然是神话中的生物，但并不像独角兽那么常见，更重要的是，基于一些模糊的事实，它又似乎曾经真实存在过，这就是鹿角兔（Jackalope）。你可以在图1.2中看到一对鹿角兔的艺术形象再现。

图1.2　鹿角兔是神话中的动物

鹿角兔据说是一种奇怪的野兽，看起来像一只长着一对鹿角的野兔。它羞怯、聪明又可爱，当然，如果受到威胁，它也可能变得很危险。如果你处于美国的西部山区，会很容易听到关于鹿角兔的故事。当然，这并不是唯一流传鹿角兔的故事的地方，在奥地利的哈森博克也有鹿角兔的故事[○]，甚至在维乔人那里你也可以听到兔子在科罗拉多失去了鹿角的故事[⊜]。

○ 将数据科学家冠以"独角兽"的称号其实是商业界和工业界对其抱有不切实际的期望的结果，因此并不合适。

○ Toelken, B. (2013). *The Dynamics of Folklore*. University Press of Colorado

⊜ Zingg, R., J. Fikes, P. Weigand, and C. de Weigand (2004). *Huichol Mythology*. University of Arizona Press

无须解释，鹿角兔确实也是一个虚构的、神话般的存在，这点与独角兽很像，但对于数据科学家来说，它似乎是一个更好的比喻。因为对于我们来说，要遇到一个全能型程序员，并且他同时在数学、统计和概率方面拥有丰富的专业知识，还精通商业，这是相当困难的事，在最坏的情况下这几乎是不可能实现的。这对于那些想要攫取大数据中商业价值的企业来说，等于无法提供解决方案。

要抓住一只独角兽确实很难，如果你不能在野外遇到它们，可以用其余动物的不同部分拼凑一个，正如弗兰肯斯坦博士打造的怪物们的最佳风格那样——这就是鹿角兔形象派上用场的地方。1932 年，道格拉斯·赫里克把一对鹿角贴在一只死掉的长耳大野兔身上，并把它作为艺术品悬挂起来，这的确是他的创意⊖。时间一长，这便成了一段历史，美国怀俄明州作为道格拉斯的一个县，因此成了鹿角兔的发源地。

然而，我们并不需要编造一个猎人勇斗鹿角兔的假故事。正如前文所述，鹿角兔的存在并非空穴来风。然而对于独角兽，并没有人真正见过。由于存在一种病毒——棉尾兔乳头状瘤病毒（CRPV），该病毒是在 20 世纪 30 年代由 Richard E. Shope 发现的，它使受感染的兔子头骨中长出骨样结构⊜。

上述内容是为了表明简单分析一下数据就能盈利是不切实际的想法，就像幻想依靠个体力量就能单枪匹马拯救整个团队一样。我想表达的是，如果我们准备真正区分神话中的愿望和混乱的现实，那么应该持有积极乐观的态度来思考如何寻找（或是培养）一个有能力的数据科学家。

满足企业（无论是一家初创企业还是一家大型企业）对数据科学家的需求的最佳方式，是聚集一大批鹿角兔般的数据科学家，而不是幻想着找到一个独角兽般存在的数据科学家（因为这样完美的数据科学家是几乎不存在的）。毕竟比起独角兽，找到一只鹿角兔般的动物更加现实，对吧？

因此，下一个问题涉及如何将这一类数据科学家集合在一起，他们应该各自扮演什么角色，以及提供什么资源。这些问题也许不容易回答，因为这在很大程度上取决于企业所在的领域的洞察力，以及相关需求（见 1.4 节）。然而，在处理数据科学家难题时，还是有一些通用准则的。

数据科学家及数据科学团队的特征

似乎每个人都喜欢或者希望拥有一位完美的数据科学家，并且将其对于该领域业务

⊖ Martin, D. (2003, Jan 19th). Douglas Herrick, 82, Dies; Father of West's Jackalope. *The New York Times*

⊜ Zimmer, C. (2012). *Rabbits with Horns and Other Astounding Viruses*. Chicago Shorts. University of Chicago Press

需求的了解作为主要的考察方向。正如我们所看到的，这种一厢情愿的期望使得企业很难在候选人中做出选择（因为每个候选者总会在某个领域或多或少有一定的欠缺）。

此时我脑海中浮现的比喻是永恒的相亲之谜：每个人都在等待心目中的公主或白马王子，却永远也找不到"那个人"。对于一个被看作"最佳"人选的数据科学家，其所需的技能已经在前文节中讨论并总结在图 1.1 中。

让我们先停顿片刻，再讨论数据科学团队的目标究竟是什么。因为这是建立该团队的关键步骤，这些目标的确立将有助于确定大家所期望的数据科学家的重要特征。此外，要清楚地知道他们将如何契合企业，以及期望他们解决什么问题将有助于确定团队的规模和所需掌握的业务知识类型。常常听闻很多企业期望驾驭数据科学浪潮，但对其数据科学之旅却没有明确的目标，这并不罕见。

根据数据科学团队的目标，在特定条件下来决定相关要点要容易得多。一般来说，优秀的数据科学家通常具有以下特征：

- 好奇心。
- 掌握机器学习方面的知识。
- 能够进行数据产品的建模和管理。
- 有效的沟通能力，能够清晰表达自己对数据的见解。
- 具有编程和数据可视化能力。
- 了解统计和概率知识（熟悉其他数学领域也可以）。
- 科学的怀疑精神，能够大胆假设，进行实验，小心求证猜想和假设等。

需要认识到的重要一点是，上述特征并非缺一不可，也没有固定的组合模式。认为数据科学家应具备上述所有特征正是我们前文一直在讨论的出现独角兽谬误的主要原因。如果你的数据科学家在某些方面有所欠缺（就像鹿角缺少一些发达的分支那样），你所要做的就是向他们伸出援助之手，帮助他们更好地掌握这些欠缺的技能，拉近实际情况与理想特征之间的差距。换句话说，就像赫里克先生所带的团队那样，把你的数据科学家团队打造成大部分人具有广泛的知识面，少数人拥有一两个领域中深厚的专业知识的团队即可。

明智的做法是先从打造坚实的团队核心成员开始，而不要被上面的特征清单所迷惑。换言之，数据科学团队的核心成员如同建筑物中打下的坚固的地基，没有地基的存在，整个建筑可能在瞬间倒塌。此外，利用核心团队的优势有助于先取得一些小的胜利。我所提到的数据科学团队的核心包括下列三个主要角色（又称数据科学团队的三大支柱）：

- 数据科学项目经理。
- 首席数据科学家。
- 数据架构师。

在管理团队中拥有有能力和经验的项目经理是至关重要的，其存在的主要目的是应对这样一个现实问题：多数数据科学家更感兴趣的是如何直接处理一个接一个的技术问题，而不是从始至终管理项目。因此帮助他们实现目标的一种方式是找到一个知识全面的人，一方面能够跟踪项目进展情况，参加会议和管理关系；另一方面，也对算法和各类技术栈有全面的了解，以便能够有效地与团队进行联系。项目经理不必是忍者型程序员（即能够完全解决问题的程序员），但是应该能够理解团队的其他成员正在做什么，以及明确他们可能面临的挑战。

核心团队的第二个关键角色是首席数据科学家。团队中不但要有一个好的项目经理，而且要有一个在专业领域（如物理、数学、计算机科学等）有很强技术背景的人。理想情况下，这个人的学术资历就能证明一切。在编程方面，这个人可能不是一个完全意义上的开发人员，但是他应该在编码和使用技术解决问题方面有坚实的背景。这个角色的重要作用在于能够扮演团队中其他数据科学家和分析师的顾问或向导的角色。

核心团队的第三个关键角色是数据架构师，该角色将在数据结构、数据库、软件工程和计算能力方面提供专业知识。对于数据架构师来说，重要的是能够分离业务可能拥有（或可能没有）的数据资源，并且能够使用他们的专业知识来评估哪些数据是可用的，何时是可用的，以及制订合理的工作流程来管理业务、拟定规则和保证项目开发的安全。理想情况下，数据架构师会对某些特定主题感兴趣，但最重要的一点是，他们的编程技能必须非常纯熟。需要注意的是，数据架构师和数据科学家在日常工作中使用的技术应该完全相同。

最后总结一下，要建立一支数据科学团队，有4个重要的方面需要注意：

第一，考虑数据科学团队的主要利益相关者是谁，并明确报告的内容。记住，每个利益相关者都想要拥有自己的数据科学家，而混淆或冲突的消息会导致不期望出现的结果（因此要分清主次）。

第二，对于数据科学家来说，要能够独立完成工作，而且，能够高效地完成数据模型的搭建是非常重要的。这包括能够用适当的工具提取相关数据（见1.3节）等。如果没有强大的专业IT工具支持，数据科学团队将很难做到尽善尽美。

第三，一旦数据被确定用于处理某个问题，得到正确的解释不一定是容易的事情，错误的结果可能是非常有害的，必须依靠相应的专业知识来解释和修正结果。一些机器学习算法类工具被视为黑箱的情况并不少见，往往只有实践才能出真知。

第四，始终牢记产品准则：拥有正确的 IT 和统计 / 机器学习技能固然很重要，但团队必须清楚地了解他们所努力打造的最终产品以及目标受众是谁。你可能能够提出令人惊叹的模型和结果，但是如果受众对产品不感兴趣（即未能抓住痛点），或者数据科学家未能将结果完美地展示出来，则意味着该产品是失败的。

此外，还要考虑用于呈现结果的工具，换句话说，假如数据科学家的产品中所采用的技术能够令其目标受众眼花缭乱，但是大家无法从结果展示中看出该技术的价值，那么，产品还未展示就意味着已经失败了。

我的经验是使用 JavaScript 庞大的类库，如 D3（Data-Driven Documents）[⊖]。倡导使用 D3 是因为它们对受众是有效的，甚至使用起来非常有趣。然而，它们通常只在较新版本的浏览器上工作，不幸的是，许多机构使用的浏览器版本比较陈旧。因此如何呈现解决方案（如仪表板、报告等）就成为一个需要探讨的话题。

1.3　数据科学工具

通过新组建的数据科学团队以及团队中高素质的数据科学家和分析师，我们能够及时了解和分析数据科学领域的最新发展，并能够从数据中提取可行的见解。

但是，我们不仅需要灵活、敏捷和专业，还需要拥有合适的工具和基础架构，以使团队能够实现符合团队赞助商期望的目标。为此，在帮助团队确定所需的工具以及其他要点时，需要考虑许多因素，例如：

- 托管和操纵数据的法规和安全要求。
- 数据源的位置以及相关的问题，例如我们是否需要立即访问它们，还是成批地将它们上传。
- 查询的响应能力要求，例如实时或定时报告。
- 要运行的查询 / 搜索量。
- 数据源格式。
- 数据质量。

⊖ D3 测试了 Firefox、Chrome、Safari、Opera 和 IE9，其支持的主流浏览器不包括 IE8 及以前的版本。D3 的大部分组件可以在旧的浏览器中运行。——译者注

对于要求其数据位于特定管辖范围且不打算创建自己的云服务的企业而言，上述安全考虑通常是一个大问题。例如，到目前为止，谷歌并不能保证全部数据都留在欧洲。

数据科学和分析都是关于数据、统计分析和建模的。因此，拥有能够实现这些功能的技术非常重要。数据仓库、ETL 软件、统计、建模和数据挖掘工具都是必需的。同样，需要有适当的硬件和网络环境支撑（甚至可能在云端搭建）。

分析领域中使用的技术在过去几年发展迅速，并且出现了许多开源项目，也提供了大量支持，例如：

- 数据框架：MapReduce、BigQuery、Hadoop、Spark。Hadoop 可能是处理数据时部署最广泛（但有时未充分利用）的框架。Hadoop 是谷歌的 MapReduce 编程模型的一种开源实现。其他的技术旨在处理流数据，例如 S4 和 Storm。BigQuery（由谷歌提供）是一种 Web 服务，可以对大量数据集进行交互式分析，并可与 MapReduce 结合使用。Hadoop 的企业版可以从 HortonWorks 等供应商处获得。Spark 框架最近也受到一些大数据使用者的青睐。
- 流数据收集框架：Kafka、Flume、Scribe。这些模型之间可能有所不同，但是目的相似——从多个源收集数据，聚合数据并将其输出到数据库、系统（如 Hadoop）或者其他客户端以供分析。
- 工作调度：Azkaban 和 Oozie 管理和协调复杂的数据流。
- 大数据查询语言：Pig 和 Hive 是用于查询大型非关系数据库的语言。在 MapReduce 和 Hadoop 等大数据框架中配合使用这类查询语言，能够提供更好的用户体验。Hive 与 SQL 非常相似。Pig 是一种面向数据的脚本语言。
- 数据存储：Voldemort、Cassandra、Neo4j 和 HBase，这些是专为在巨型数据集上获得良好性能而设计的数据存储项目。

开源工具

开源工具中的源代码模型已经改变了在小型和大型企业中部署的环境。各种项目的协作性质提供了难以攻破的知识壁垒和质量保证。开源领域中丰富而广泛的工具为数据科学的扩展做出了贡献。它们包括处理大型数据集和数据可视化的工具及原型设计工具：

- Python：数据操作、原型设计、脚本编写，这也是本书的重点。
- Apache Hadoop：处理大数据的框架。
- Apache Mahout：用于 Hadoop 的可扩展机器学习算法。

- Spark：用于数据分析的集群计算框架。
- R⊖统计计算项目：数据处理和图形。
- Julia：高性能技术计算。
- GitHub、Subversion：软件和模型管理工具。
- Ruby、Perl、OpenRefine：原型和生产环境脚本语言。

如上所述，Hadoop 在处理海量数据集方面正迅速变得无处不在，该框架可扩展用于分布式数据处理。但正如 1.1 节中所述，在我看来，并非所有的数据科学问题都需要用到大数据处理。Hadoop "热"已经导致许多企业部署了 MapReduce 系统，这些系统可以有效地用于转储数据，但也导致了人们缺乏对信息管理战略计划的全面了解，也不了解数据分析环境的相关部分是如何组合在一起的。

R 被视为统计计算的编程语言。它的特点并非在于代码的优美整洁，而在于输出结果很棒。⊜ 在 R 存储库（CRAN）中有各类包⊜，非常灵活且易于扩展。

Python 等脚本语言的使用为应用程序开发和部署提供了专业平台，非常适合用于原型设计和测试新的想法，而且它支持各种数据存储和通信格式，如 XML 和 JSON。除此之外还有大量用于科学计算和机器学习的开源库可供选择。

Python 有许多非常有用的库，如 SciPy、NumPy 和 Scikit-learn。SciPy 将 Python 扩展到科学编程领域。它支持各种功能，包括并行编程工具、集成、常微分方程求解器，甚至在代码中支持 C/C++ 代码的扩展。Scikit-learn 是基于 Python 的机器学习包，包括许多用于监督学习（支持向量机、朴素贝叶斯）、无监督学习（聚类算法）的算法和其他用于数据集操作的算法。基于以上原因，我们将在本书的剩余部分使用 Python 进行演示。

1.4 从数据到洞察力：数据科学工作流

正如我们所看到的，数据科学家是一个有趣的角色，有时也是一个具有挑战性的角色。无论团队还是个人，不仅需要正确的技能组合，还需要正确的工具和商业问题。在这一节中，我们将讨论数据科学项目可能遵循的步骤。需要强调的是，尽管我们对各个

⊖ R 是数据科学界广泛使用的值得关注的软件包。

⊜ 此处理解为输出结果绘图方便并且容易与其他编程语言和数据库进行交互。——译者注

⊜ 截至 2018 年 10 月 16 日，CRAN 已经收录了各类包 13 181 个，涵盖经济计量、财经分析、人文科学研究以及人工智能领域。——译者注

步骤已经进行了归类和排序，但是实际工作流并不一定是线性的，正如在图 1.3 中展示的那样。

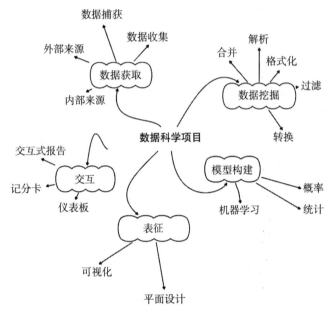

图 1.3   数据科学工作流中涉及的各个步骤

具备新组建的数据科学团队和各种正确的技能组合后，我们已准备好解决问题，现在应该确定项目成功的关键衡量标准。此外，从一开始我们就应该意识到，在大多数情况下，不会有唯一的、最终的答案。因此，最好将问题框架转化为迭代过程，在每个迭代过程中得到更好的解决方案。数据科学工作流中的各个步骤包括：

- 问题识别
- 数据获取
- 数据挖掘
- 模型构建
- 表征
- 交互

上述步骤按照该顺序列出，但并不意味着它们必须一个接一个地进行。在某些情况下，可以由使用内部数据集开始，甚至可在清理数据之前立即创建一些图表。此外，一旦启动项目，就可以在每次迭代中的步骤之间移动。图 1.3 大致显示了上述步骤的关系，注意它们不一定按照上面列出的顺序执行。

1.4.1　识别问题

没有清晰简洁的问题就不会形成洞察力，也没有办法衡量在运行你最喜欢的机器学习算法后得到的答案是成功的还是失败的。这不像获取一个数据集并进行信息分析后形成一幅点位图那么简单。相反，需要通过问题引导出在解决这些问题时可能有用的数据集以及这些数据集能发挥多大作用。

另一件需要牢记的事情是，尽管我们可以将问题封装在单个问题中，但在许多情况下，将其分解为可以更直接的方式处理的较小部分要容易得多。此外，在每次迭代中，可能会有更多的更小或更大的后续问题也需要答案。记住，这是一个反复的过程！

1.4.2　获取数据

一旦遇到问题，需要做的第一件事就是确定企业内部是否具有可用于回答此问题的适当数据。如果没有，则需要在外部找到适当的数据来源——网络、社交媒体、政府、存储库、供应商等。即使内部拥有数据，但也可能基于技术原因难以访问到，甚至是出于监管和安全的考虑而无法访问。

1.4.3　数据挖掘

如果说没有问题就没有洞察力，那么没有数据挖掘，数据也就不存在了。在数据科学工作流中，数据挖掘和数据整理实际上是最耗时的。根据《纽约时报》的史蒂夫·洛尔的调研：数据科学家可能会把 50% ～ 80% 的时间花在"看门人工作"⊖（数据挖掘和整理）上，关于这一点我完全赞同。

数据准备是提取有价值的洞察力的关键，虽然有些人可能更愿意只关注建模部分（因为觉得那更有趣），但事实上当你经过数据挖掘后会对数据有从内到外的深层次理解，这也意味着解决任何新的或后续的问题都可能事半功倍。

1.4.4　建模与评价

将干净的数据集输入到机器学习或统计模型中是一个良好的开端。尽管如此，问题仍然在于最适合使用的算法是什么。这个问题的部分答案是，最佳算法取决于你所拥有的数据类型以及它的完整性，也取决于要解决的问题。一旦模型已经建立并且通过训练

⊖　Lohr, S. (2014, Aug 17th). For Big-Data Scientists, 'Janitor Work' Is Key Hurdle to Insights. *The New York Times*

数据集测试，接下来要做的是评估模型⊖与测试数据集⊜的有效性和准确性，并决定模型是否适合部署。

1.4.5　表征与互动

一图胜千言，我们大多数人都可以从一些精心设计的图中获得更多信息，而不是查看一行行数据。数据可视化与其说是一门科学，还不如说是一门艺术，许多优秀的设计人员和数据记者都曾对其进行过描述。例如大卫·麦克坎德莱斯（David McCandless）在《 Information is Beautiful 》⊕一书中所创作的图像，或者曼纽尔·利马（Manuel Lima）在《 Visual Complexity：Mapping Patterns of Information 》⊛一书中所创作的可视化图像。

你不必要求自己的作品也达到艺术品的高度，但至少要确保所使用数据的准确性、简单性，并为你要阐述的观点提供说明。在某些情况下，受众可能更容易被数据的直观展现所吸引，例如仪表板、报表或交互式绘图等形式。这些展现方式可能非常有趣，但同样需要遵循准确性、简单性和清晰适用等原则。

1.4.6　数据科学：一个迭代过程

机器学习模型已经在干净的数据上运行的简单事实并不意味着数据科学家的工作已经完成并且尘埃落定。相反，需要仔细监控模型的有效性，因为结果取决于提供给模型的数据。一个简单的例子就是 garbage-in-garbage-out（若输入错误数据，则输出亦为错误数据）。类似地，具有各种新特征的任何新数据都可能降低初始模型的准确性，因此有必要调整参数或获取新数据。

此外，即使最开始存在一个不需要改变的模型，但随着新的和后续的问题在数据科学分析过程中不断涌现，工作流程逐渐向上螺旋盘升，因此需要不断迭代改进以提供新的洞察力。⊛

我想用一些数据科学家团队及相关负责人应该始终牢记的问题来结束本章：

- 使用什么数据？为什么？

⊖　对每一个模型都需要进行评估。
⊜　有关训练和测试数据集的更多信息，请参见 3.11 节。
⊜　McCandless, D. (2009). *Information is Beautiful*. Collins
⊛　Lima, M. (2011). *Visual Complexity: Mapping Patterns of Information*. Princeton Architectural Press
⊛　迭代过程中模型需要改变。——译者注

- 数据从何而来，谁拥有它们？
- 是否使用了整个数据集？这个集合能代表整个样本空间吗？
- 有异常值吗？分析中考虑过它们吗？
- 在应用模型 / 算法时做出了什么假设条件？它们容易放松 / 加强吗？
- 模型的结果对流程 / 业务 / 产品意味着什么？

1.5　总结

在本章中，我们讨论了一些关键方面，这些方面将使我们能够得到鹿角兔般存在的数据科学家。我们为数据科学这个术语提供了定义，并描述了它是如何迅速发展的多学科领域——涉及数学、计算机科学、统计学和商业领域。

我们提到了一些数据科学产品的例子，并且已经看到数据科学和分析的主要动机是从数据中获得有价值和实际可操作的见解。我们的讨论指出，为了实现这一目标，需要具备适当技能的数据科学家。不幸的是，一些人对数据科学家产生了一些过高的期望，即数据科学家的角色应该类似于神秘的独角兽。我们认为，要想更好地理解这个角色，应该使用不同的形象，即鹿角兔。它仍然是一个神话般的存在，但是你可以从现实中（如在团队中）拼凑出一个这样的整体[⊖]，或者暗示它们可能存在科学的解释，这为许多对利用自身大数据感兴趣的企业提供了更有希望的全景展望。

我们接下来讨论了支持高效数据科学团队的 3 个主要角色，即数据科学项目经理、首席数据科学家和数据架构师。我们看到，不仅团队组成很重要，而且能以高效的方式执行任务的工具是也不可或缺的。在本章的最后，我们概述了简化的数据科学工作流程中的步骤，并解释了这些步骤应该被视为迭代过程一部分的重要性。

在下一章中，我们将简要介绍一些使用 Python 的重要概念。这将使我们能够为本书的其余部分提供一些参考点，其中 Python 将用于实现各种算法，这些算法也是构成数据科学家的技巧包的一部分。

⊖　就像道格拉斯·赫里克把一对鹿角贴在一只死掉的长耳大野兔身上那样。——译者注

第 2 章
Python：完全不同的编程语言

编程语言和范例从来都不缺乏，尽管如此，由 Guido van Rossum 在 1989 年开始的"业余爱好编程项目"仍慢慢拥有了生命力，以及一个非常活跃的社区，并适用于各种场合。它的成功可能要归功于其代码的紧凑性，或者是开源的事实，甚至是工具集的多样性。不管是什么原因，Python 都是数据科学家不可或缺的工具组中的一部分。

Python 名字的由来其实和世界上最大的无毒蛇没有任何关系。相反，它取自英国喜剧剧团 Monty Python。创建 Python 是为了吸引 UNIX / C 程序员。今天，Python 强调代码可读性和表达性的语法，使其成为一种通用的、高级的、面向对象的编程语言，可在多个平台上使用，并提供大量支持包和模块。

下面显示的就是 Python 语言的一些最具定义性的特性，包括使用缩进对语句进行分组，以及被称为 Pythonic 的编码样式（即由经验丰富的 Python 程序员使用的样式指南和习惯用法，也称为 Pythonistas）。通过导入 this 模块，可以在任何 Python 安装中读取这些指导原则。该编程哲学是由 Python 创始人 Tim Peters 编写的。

```
> import this

The Zen of Python, by Tim Peters
Beautiful is better than ugly.
Explicit is better than implicit.
Simple is better than complex.
Complex is better than complicated.
Flat is better than nested.
Sparse is better than dense.
Readability counts.
```

```
Special cases aren't special enough to break
the rules.
Although practicality beats purity.
Errors should never pass silently.
Unless explicitly silenced.
In the face of ambiguity, refuse the temptation
to guess.
There should be one -- and preferably only one --
obvious way to do it.
Although that way may not be obvious at first
unless you're Dutch.
Now is better than never.
Although never is often better than *right* now.
If the implementation is hard to explain,
it's a bad idea.
If the implementation is easy to explain,
it may be a good idea.
Namespaces are one honking great idea
-- let's do more of those!
```

本书假定读者掌握一些基础的编程原理并在一定程度上熟悉 Python。尽管如此，在本章中，我们也会简要回顾一下将在本书中使用的语言的一些概念和特性。如果你是一位经验丰富的 Python 程序员，可以跳过本章并继续下一章。但是，如果你有兴趣复习这些知识，请继续阅读以下内容，你可能会发现完全不同的东西。对于那些正准备开始 Python 之旅的读者来说，本章可能会激起你学习更多知识的兴趣。这里提供了足够的资源供你参考⊖⊖。

2.1 　为何是 Python？为何不是？

我们在上文提到了 Python 强调代码的可读性，这对生产力也是一种促进：不仅数据科学家能够创建脚本作为批处理执行，而且能够启动交互式控制台（例如 iPython Shell）

⊖　Downey, A. (2012). *Think Python*. O'Reilly Media

⊖　Langtangen, H. (2014). *A Primer on Scientific Programming with Python*. Texts in Computational Science and Engineering. Springer Berlin Heidelberg

或笔记本电脑（iPython / Jupyter Notebook，参见 2.1.2 节）[⊖]。此外，Python 还有各种扩展和增强语言的包以供选择。

例如，NumPy 模块提供了可以操作数值数组和矩阵的函数。SciPy 模块支持科学计算中通常需要的功能，如优化算法（optimisation）、线性代数例程、傅里叶变换等。

Python 对分层模块化的支持使程序员和开发人员可以构建更多功能。一个很好的例子是 Pandas 包，它将 NumPy 数组扩展为数据帧，以便于进行数据处理和分析（参见 2.5 节）。我们将在本书的其余部分使用 Pandas。同样，在本书中，我们将广泛使用 Matplotlib、Statsmodels 和 Scikit-learn 等软件包，分别实现绘图、统计模型和机器学习算法。

确实，Python 是一种解释型语言，也就是说代码是逐行读取和执行的，因此代码执行速度可能通常比为针对机器架构先编译再执行的语言慢一些，但是 Python 中的源代码是动态解释的，其主要优点是灵活。这是数据科学工作流程中的一个重点，因为我们更关注实现时间而非执行时间：在许多情况下，我们更感兴趣的是掌握原始数据而不是针对特定的机器去调优执行时间。

这给我们带来了另一个优势：由于 Python 代码无须编译，因此具有可移植性。在一个环境中开发的脚本只需要进行适当安装（如安装 Python 解释器）即可在其他环境中执行。Python 对于数据科学工作流中的绝大多数计算任务来说运行性能足以满足需求，但更重要的是确保逻辑正确，如果需要，以后可以执行得更快。

本书中假设你已经安装了 Python，此外，还假设安装的版本是 Python 3.x 而不是 Python 2.x。我想指出的是，尽管 Python 2.x 版本目前仍被广泛使用，但越来越多的用户正在使用 Python 3.x。请注意，可能有一些软件包尚未更新以适应两个版本之间的不兼容性。希望在不久的将来，这些不一致之处得到解决，社区最终会转向使用 Python 3.x 版本。

特别地，我发现由 Continuum Analytics 构建的 Anaconda distribution[⊜]非常强大且完整，足以满足我们的需求。此外，它适用于 Windows、MacOS 和 Linux。可以从 http://continuum.io/ 获取安装包，并按照对应版本提供的步骤操作。请注意，其他软件包的 Python 3.x 安装同样适用于本书其余部分的讨论，我将明确提及所需的模块或软件包，以便经验丰富的用户能够使用 pip、easy-install、Homebrew 或其他适合他们的安装

⊖ 通过 iPython Shell 和 Jupyter Notebook 可以进行交互式会话操作。

⊜ Continuum Analytics (2014). Anaconda 2.1.0. https://store.continuum.io/cshop/anaconda/

方法来完成环境的相应配置。

2.1.1 使用 Shell 或不使用 Shell

上文中已经提及 Python 是一种解释型语言，因此可以与在会话过程中已经执行的不同命令进行交互。类似地，也可以先编写所有命令并在更传统的开发工作流程中逐一执行它们。这两种方法都有其优点和缺点，幸运的是你不必纠结到底选择哪一种方法，因为 Python 足够灵活，可以让你同时使用这两种方法。[⊖]

如果有兴趣在编写代码时与代码进行交互，那么可以启动 iPython Shell，它将允许用户输入命令，并可立即将其发送到解释器以供执行。然后，用户可以获取输出结果并继续分析。这种工作方式让我们可以边工作边看到命令的执行结果。这是在大型项目中实现代码原型的绝佳方式。

不幸的是，以这种方式工作只会使代码暂存于内存中，除非你发出命令将其保存到解释器。如果你有兴趣跟踪开发并重复执行一系列命令，则可以将这些命令保存在文本文件中以创建 Python 脚本，按照惯例，该脚本具有 .py 扩展名。执行这些脚本不需要使用 Python Shell，而是可以通过以下语法直接从命令行执行：

```
python myscript.py
```

我们假设名为 myscript.py 的脚本保存在本地路径中。使用 Python 脚本可以更轻松地启动而不需要用户重复输入较长的作业指令。

在本书中，我们将采用交互式 Shell（代码与 Python / iPython Shell 兼容）的方法，以便能够及时使用解释器给出的输出来解释我们正在采取的不同步骤，然后可以将这些单独的命令保存在可以稍后运行的脚本中。因此，我们将提供如下代码：

```
> 42 + 24
```

66

请注意，尖括号" > "表示 Python Shell 提示符，其中下一行为代码行。此外，如果发送给解释器的命令需要打印结果，Shell 将自动显示它。为了便于解释，在我们不期望结果或讨论要求我们分解代码的情况下，我们将以脚本样式显示它。换句话说，不会

⊖　Python Shell 支持交互。你还可以开发脚本，无须用户干预，脚本即可自动化执行。

显示 Shell 提示符:

```
a = 42 + 24
```

Python 中的注释使用哈希符号"#"来表示。解释器将忽略直到行尾的所有命令。在下面的示例中,我们在执行除法运算后输入注释:

```
> 2/3    # Python 3
```

```
0.6666666666666666
```

请注意,Python 2 中的行为与此不同,因为上面的操作将导致整数除法:

```
> 2/3    # This integer division returns 0
```

```
0
```

由于我们已经将两个整数传递给解释器,因此 Python 执行整数除法,仅返回整数部分。如果我们想要实现真正的除法,可以使用如下命令[⊖]:

```
> 2/3.0
```

```
> 2/float(3)
```

在 Python 2.x 中,我们可以使用 __future__ 模块从 Python 3.x 导入功能,如下所示:

```
> from __future__ import division
> 2/3
```

```
0.6666666666666666
```

2.1.2　使用 iPython/Jupyter Notebook

我们已经看到 Python 中的交互式 Shell 如何允许我们实时评估正在执行的代码的结果。这对于许多任务来说可能已经足够好了,但有时可能需要以更容易与之交互的方式

⊖　可以通过将整数转换为浮点数来避免整数除法。

呈现代码，不仅对于原创程序员，对于团队的其他成员或一般受众也是如此。

使用 iPython / Jupyter Notebook 是一种很好的方法。它不仅可以让你以与交互式 Shell 相同的方式运行代码并为代码添加注释，还可以让你在基于 Web 的界面中记录代码、计算和处理。虽然在本书中，我们决定不使用 iPython / Jupyter Notebook 进行打印，但我鼓励你尽可能地使用它。

iPython / Jupyter Notebook 支持包含文本、数学表达式和内嵌图形以及其他富媒体，如网站、图像、视频等。其核心是一个扩展名为 .ipynb 的 JSON 文档，这使得文件非常轻便且便于携带，符合 Python 的可移植性原则。Web 界面非常方便，如果需要，可以将 Notebook 导出为多种格式，如 HTML、LATEX、PDF、Markdown 甚至原始 Python。此外，Jupyter 项目并非专为 Python 开发，还可以将其用途扩展到其他编程语言。

2.2 初探 Python

我们已经有机会用 iPython Shell 进行交互，并看到了一些简单的操作，如加法（+）和除法（/）。我们可以继续探索编程语言作为交互式计算器的用法。正如所期望的那样，Python 支持其余的算术运算，如表 2.1 所示。请注意，Python 中的取幂用"**"表示。到目前为止，我们在所提供的示例中使用了整数和浮点数，因此，会很自然地想到 Python 究竟支持其余哪些类型。

表 2.1　Python 中的算术运算符

操　　作	操　作　符
加	+
减	−
乘	*
除	/
幂运算	**

2.2.1　基本类型

记住 Python 的一个重要特性是它是一门动态语言。换句话说，我们使用之前不需要声明变量，也没有必要指定变量的类型。此外，我们创建的每个变量都自动成为一个 Python 对象。

2.2.2　数字

正如我们在上一节中看到的，Python 支持两种类型的数字：整数和浮点数。所以我们可以将一个整数的值赋给变量，如下所示：

```
> Universe = 42
```

请注意，赋值操作不需要 Python 打印该内容作为响应。我们可以使用 type 命令检查对象的类型：

```
> type(Universe)
```

```
int
```

Python 会让我们知道正在处理什么类型的对象；在这种情况下，对象 Universe 的类型为整数。让我们看一个浮点数的例子：

```
> Universe2 = 42.0
> type(Universe2)
```

```
float
```

2.2.3　字符串

字符串实际上是一系列字符。在 Python 中，可以使用单引号（'）或双引号（""）定义字符串，如下所示：

```
> string1 = 'String with single quotes'
> string2 = ''String with double quotes''
> type(string1)
```

```
str
```

在上面的例子中，我们已经请求打印变量 string1 的类型，并且正如预期的那样，Python 告诉我们它确实是一个字符串。

我们可以让 Python 打印一个字符串⊖，如下所示：

```
> print(string2)
```

```
String with double quotes
```

⊖　在 Python 2 中，print 语句不需要括号。

"+"运算符可以进行字符串对象的连接操作[○]：

```
> dead, parrot = ''Norwegian'', ''Blue''
> print(dead + ' ' + parrot)
```

```
Norwegian Blue
```

在上面的示例中，我们还演示了 Python 能够在同一行中同时分配变量（这是 Pythonic 编程风格的一部分）。换句话说，字符串 "Norwegian" 被赋值给变量 dead，字符串 "blue" 被赋值给变量 parrot。请注意，不允许在字符串和数字之间混入运算符，如果是，则会抛出错误。你必须使用 str 函数将数字转换为字符串才能进行相关操作。

字符串是 Python 中的不可变对象，这意味着我们无法更改字符串的各个元素。我们将在 2.2.6 节中讨论不可变对象元组的更多内容。

2.2.4　复数

Python 也支持复数，它将虚数 $i = \sqrt{-1}$ 表示为 j，因此对于数 n，nj 被解释为复数。

让我们看一个例子：如果想要定义复数 $z = 2 + 3i$，只需在 Python 中执行如下命令：

```
> z = 2 + 3j
> print('The real part is {0}, \
    the imaginary part is {1}' \
    .format(z.real, z.imag) )
```

```
The real part is 2.0, the imaginary part is 3.0
```

请注意，尽管上面示例中使用的数字是整数，但 Python 会将它们重新设置为浮点数以适合复数对象。在上面显示的代码段中，我们还演示了这样一个事实：可以使用反斜杠（\）来换行以提高代码可读性。

请记住，Python 中的每个实体都是一个对象。每个对象都有许多可以执行的操作，即方法。在上面的示例中，我们调用了与复数对象相关的 real 和 imag 方法，分别获得实部和虚部。上面的示例中显示了一个方法的另一种用法，用于字符串，在本例中是格

　　○　Python 内部重载了该操作符以便于字符串连接操作。——译者注

式化方法，告诉 Python 如何格式化字符串并进行打印。可以通过跟随带有点（.）的对象名称和方法名称来调用对象的方法。

2.2.5　列表

列表是一系列对象的集合，这些对象可以是相同类型也可以不是。我们用方括号"[]"表示一个列表。列表是可变对象，因此可以更改列表中的单个元素：

```
numbers = [ 1, 3.14, 2.78, 1.61]
expect = [''Spanish'', ''Inquisition'']
mixed = [10, 8.0, 'spam', 0, 'eggs']
```

可以使用与列表中的位置对应的索引来引用列表的元素：

```
> print(numbers[0])
1
```

```
> print(numbers[1:3])
[3.14, 2.78]
```

Python 中的索引从零开始，因此数字列表的第一个元素称为数字 [0]。此外，我们可以使用冒号表示引用列表的子序列，形如 start：end，其中 start 是指我们想要包含在子序列中的第一个元素，end 是我们要在其中使用的最后一个元素，从而形成一个切片[⊖]。

请记住，Python 将切片操作解释为不包括序列中的最后一项。在上面的示例中，Python 从索引 1 读取到索引 3，但不包括 3。这就是为什么只返回 numbers 列表的第二个和第三个元素。

由于列表是可变对象，因此我们可以更改列表中的元素：

```
> expect[0] = 'nobody'
> print(expect)

['nobody', 'Inquisition']
```

⊖　切片指的是类似数组的对象（例如列表和元组）的子集。

我们还可以使用 append 方法将元素添加到列表中：

```
> numbers.append(1.4142)
> print(numbers)

[1, 3.14, 2.78, 1.61, 1.4142]
```

新元素 1.4142 将添加到 numbers 列表的末尾，同时列表的长度增加 1。

使用 "+" 运算符可以轻松实现列表的连接：

```
> print(numbers + expect)

[1, 3.14, 2.78, 1.61, 1.4142, 'nobody',
'Inquisition']
```

请注意，如果两个列表都是数字，则使用 "+" 运算符的结果是列表元素的连接，而不是数字的总和。

列表的另一个有用方法是 sort，它的用法完全符合我们的预期：允许我们对列表的值进行就地排序。这个方法还使我们能够在讨论元组时看到可变对象和不可变对象之间的区别（参见 2.2.6 节）。

让我们定义一个列表：

```
> List1 = [3, 6, 9, 2, 78, 1, 330, 587, 19]
> print(List1)

[3, 6, 9, 2, 78, 1, 330, 587, 19]
```

现在可以调用 sort 方法，如下所示：

```
> List1.sort()
> print(List1)

[1, 2, 3, 6, 9, 19, 78, 330, 587]
```

正如我们所看到的，使用带有列表的 sort 会导致元素按升序排序。

这里有几点需要注意。首先，我们使用点（.）表示调用 sort 方法。在上面的代码中执行第一行时，解释器不返回任何值，这是一个好兆头，这意味着该方法可以正确执行。

为了看看发生了什么，我们发出了第二个命令，它允许我们打印 List1 的内容。如上所示，现在列表的元素已经正确排序。

我们需要注意的第二点是，由于列表是可变的，我们可以更改它们，在这种情况下，sort 方法已将 List1 中的元素更改为升序。我们已将列表排序到位。无须创建列表副本并对其进行排序。

Python 中的对象也具有与之关联的方法。列表也不例外，在这种特殊情况下也有一个排序函数。不同之处在于该函数将创建一个新对象。我们一起来看一看：

```
> List1 = [3, 6, 9, 2, 78, 1, 330, 587, 19]
> print(sorted(List1))


[3, 6, 9, 2, 78, 1, 330, 587, 19]
```

到目前为止一切顺利，和期望的一样，我们最终同样得到一个排序列表。但是，让我们再看一下 List1 对象：

```
> print(List1)


[3, 6, 9, 2, 78, 1, 330, 587, 19]
```

如你所见，对象值居然没有改变！排序函数所做的是创建一个新对象并返回以升序排列的 List1 的内容。

我们可以将函数的结果分配给一个新变量，从而创建一个可以在稍后阶段引用的对象。

顺便提一下，如果你需要按降序排列元素，只需要将 reverse 作为参数传递给方法：

```
> sorted(List1, reverse=True)


[587, 330, 78, 19, 9, 6, 3, 2, 1]
```

或者使用函数：

```
> List1.sort(reverse=True)
> print(List1)


[587, 330, 78, 19, 9, 6, 3, 2, 1]
```

一个非常有用的 Python 风格的方法是列表推导式：构建列表而不需要写出完整循环流程。典型的用法是创建列表，其元素是应用于另一个序列或可迭代的每个成员的一些操作的结果。例如，让我们首先创建一个包含句子的字符串：

```
> sentence = 'List comprehension is useful'
> print(sentence)


List comprehension is useful
```

我们可以使用上面的字符串创建一个列表，其中包含句子中的每个单词的大写和小写字母，以及确定单词的长度[⊖]。我们可以在一行代码中完成这些工作：

```
> words = [[word.upper(), word.lower(), \
    len(word)] for word in sentence.split()]

> print(words)

[['LIST', 'list', 4],
 ['COMPREHENSION', 'comprehension', 13],
 ['IS', 'is', 2],
 ['USEFUL', 'useful', 6]]
```

2.2.6　元组

元组可以视为另一种形式的列表：里面的元素不仅可以是对象的序列集合，也可以是混合类型。它确实与列表密切相关，除了用圆括号"()"定义之外，其主要区别在于元组是不可变的。

⊖　我们使用字符串方法 split()、upper() 和 lower() 来分隔句子中的单词，并将它们转换为大写和小写。

　　如上所述，无法更改不可变对象。换句话说，我们不能添加或删除元组中的元素，因此，与列表不同，它们不能就地进行修改。我们来看一些元组：

```
> numbers_tuple = (1, 3.14, 2.78, 1.61)
> expect_tuple = (''Spanish'', ''Inquisition'')
> mixed_tuple = (10, 8.0, 'spam', 0, 'eggs')
```

　　正如所看到的，与 2.2.5 节中的列表相比，上述定义中的唯一更改是使用圆括号。与列表一样，元组的元素也可以通过索引来引用：

```
> mixed_tuple[4]

'eggs'

> mixed_tuple[0:3]

(10, 8.0, 'spam')
```

　　让我们看一看当尝试更改元组的一个元素时会发生什么：

```
> expect_tuple[0]='nobody'

TypeError: 'tuple' object does not support item
assignment
```

　　这表明直接在元组中进行操作是不可能的。那么排序呢？排序的功能仍然有效。让我们定义一个元组，如下所示：

```
> Tuple1 = (3, 60, 18, 276, 87, 0, 9, 4500, 67)
> print(Tuple1)

(3, 60, 18, 276, 87, 0, 9, 4500, 67)
```

　　我们现在可以将排序函数应用于元组：

```
> print(sorted(Tuple1))
```

```
[0, 3, 9, 18, 60, 67, 87, 276, 4500]
```

还不错，对吗？但是你注意到一些奇怪之处了吗？好吧，似乎结果不再是一个元组，而是列表！我们可以看到，是方括号而非圆括号，我们可以通过使用 type 命令来确保这一点：

```
> type(sorted(Tuple1))
```

```
list
```

这是元组不可变的结果：允许元组元素排序的唯一方法是使用列表的可变特性将其转换为列表后再排序。类似地，由于元组的元素不能改变，因此无法直接对其使用排序方法。我们来看一看：

```
> Tuple1.sort()
```

```
AttributeError: 'tuple' object has no attribute
'sort'
```

正如 Python 返回的错误所述，元组没有 sort 属性。

2.2.7 字典

我们都熟悉字典的概念：如果我们有兴趣查询新词或未知词的含义，只需打开一本书（或访问网页），里面会按照指定的顺序列出单词（例如，按字母顺序排列）。这使我们能够索引到感兴趣的单词。Python 中的字典具有相同的用途，它由键和值⊖组成。

使用大括号"{}"来定义 Python 的字典。此外，键值对由冒号（:）分隔，例子如下：

```
> dictio = {''eggs'':1, ''sausage'':2,\
    ''bacon'':3, ''spam'':4}
> print(dictio)
{'bacon': 3, 'eggs': 1, 'sausage': 2, 'spam': 4}
```

⊖　与实际字典类比，键相当于单词，值是定义。

字典中的键（关键字）可以是任何不可变的 Python 对象，包括数字、字符串和元组。可以通过索引该条目将新值重新分配给字典的关联元素从而更改相关条目所对应的值。例如，在上面的示例中，我们可以看到键 spam 对应的值是 4：

```
> print(dictio['spam'])
```

```
4
```

仅需重新分配任何新值就能更改此键对应的值。例如，我们可以重新分配与键 spam 相关联的值：

```
> dictio['spam']='Urggh'
> print(dictio['spam'])
```

```
'Urggh'
```

可以对同一个键重复赋值：

```
> dictio['spam']='Lovely spam'
> print(dictio['spam'])
```

```
'Lovely spam'
```

借助 keys() 和 values() 方法，可以以列表的形式遍历字典的键和值⊖：

```
> print(dictio.keys())
dict_keys(['spam', 'bacon', 'eggs', 'sausage'])
```

```
> print(dictio.values())
dict_values(['Lovely spam', 3, 1, 2])
```

我们还可以使用 items 方法以元组列表的形式获取键值对：

⊖ 可以使用 keys() 方法获得字典的键列表。类似地，values() 方法返回字典中的值列表。

```
> print(dictio.items())
```

```
dict_items([('spam', 'Lovely spam'), ('bacon', 3),
('eggs', 1), ('sausage', 2)])
```

最后，可以使用 del 函数删掉字典中的键值对：

```
> del dictio['bacon']
> print(dictio)
```

```
{'sausage': 2, 'eggs': 1, 'spam': 'Lovely spam'}
```

2.3　控制流

我们不仅需要理解编程语言中可用的类型和对象，还需要学会如何遵循程序语言组织方式逻辑来组织控制自己的程序流程。换句话说，即组织各个语句的先后执行顺序。

特别值得一提的是，在 Python 中，空格是一个有意义的字符，因为它可以通过具有相同级别的缩进来定义代码块。让我们看一些控制 Python 程序流程的典型结构。

2.3.1　if ... elif ... else [⊖]

条件分支使我们能够根据布尔运算的结果执行不同的操作。如果满足条件，则应用操作，否则执行不同的操作。在 Python 中，我们可以这样做：

```
if condition1 :
    block of code executed
    if condition1 is met
elif condition2 :
    block of code executed
    if condition2 is met
...
```

⊖　if ... elif ... else ... 让我们测试各种条件并为代码创建分支。

```
elif conditionN :
    block of code executed
    if conditionN is met
else:
    block of code executed
    if no conditions are met
```

如你所见，每个代码块都缩进到同一级别。另外，请注意，可以在 elif 保留字的帮助下嵌套各种条件⊖。条件是可以比较的逻辑表达式，因此我们可以使用表 2.2 中列出的任何比较运算符。让我们看一个例子：

```
> Age = 40
  if Age > 50:
      print('A wise person')
  else:
      print('Such a youngster')
```

```
Such a youngster
```

表 2.2　Python 中的比较运算符

操　　作	操　作　符	操　　作	操　作　符
相等	==	大于等于	>=
不相等	!=	小于等于	<=
大于	>	对象标识符	is
小于	<	非对象标识符	is not

最后，请记住，条件是按照代码中提供的顺序逐个执行的。如果满足条件，则不执行其余部分。

2.3.2　while

当我们需要重复执行代码块直到不再满足条件时，可以使用 while 循环。Python 中 while 循环的结构如下：

⊖　测试的条件实质是 True 或 False 的逻辑表达式。

```
while logical_test:
    block of code to be executed
    don't forget to update the test variable
```

要记住的一件重要的事情是，在 while 循环的最开始，逻辑表达式的求值结果必须为 True，否则永远不会执行该代码块[一]。另外，为了避免无限循环，我们需要更新代码块中的控制变量。

我们可以从 10 开始倒数，看看它是如何工作的：

```
> countdown = 10
  while countdown >= 0:
      print(countdown)
      countdown -= 1
```

```
10, 9, 8, 7, 6, 5, 4, 3, 2, 1, 0
```

注意，上面的代码中，countdown-= 1 是 countdown = countdown-1 的简写。

2.3.3 for

通常，在事先不知道需要执行代码块多少次的情况下推荐使用 while 循环。如果知道需要执行多少次迭代，则可以使用 for 循环。在 Python 中，for 循环可以遍历序列，例如 list、tuple 或 string。

```
for item  in sequence:
    block of code to be
    executed
```

这与列表推导式中使用的基本结构相同。

我们在 2.3.2 节中使用的 while 循环的示例也可以用 for 循环编写，如下所示：

```
> countdown_list = [10, 9, 8, 7, 6, \
  5, 4, 3, 2, 1, 0]
```

⊖ while 循环需要在块的开头进行逻辑测试。

```
for x in countdown_list:
    print(x)
```

```
10, 9, 8, 7, 6, 5, 4, 3, 2, 1, 0
```

我们可以通过定义一个范围，避免列表的显式定义来简化上面的例子：

```
> for x in range(10,-1,-1):
    print(x)
```

```
10, 9, 8, 7, 6, 5, 4, 3, 2, 1, 0
```

其中，range 使我们能够将数字序列定义为对象。这意味着可以只在需要时再生成值。

在上面的例子中，我们使用 range (start, end, step) 函数从 start 到 end-1 生成指定步长的数字序列。在 Python 2 中，xrange 函数有类似的作用。

2.3.4　try... except

即使一个代码块语法完全正确，但这些语句在某些情况下可能会在执行期间导致错误，这种现象并不奇怪。这些错误在执行程序时不一定是致命的，而是需要特殊处理的非正常情况。

上述情况称为异常，当它们发生时，我们需要将其捕获并采取适当的操作，例如生成错误消息等。这就是所谓的异常处理。在 Python 中，可以通过 try ... except 结构来完成：

```
try:
    Block of code that may raise an
    exception
except Exception1:
    Block of code to run if Exception1
    is raised
except Exception2:
    Block of code to run if Exception2
```

```
    is raised
...
except:
    Block of code to run if an unlisted
    exception is raised
```

在上面的结构中，Exception1，Exception2……是 Python 中已知的标准异常，在相应的文档中有详细说明[⊖]。我们在表 2.3 中列出了一些常见的标准异常。

例如，我们可以尝试计算列表元素的倒数并打印每个值。但是，如果序列中包含数字 0，我们可以尝试使用 ZeroDivisionError 来捕获异常：

```
> try:
      for x in range(3,-1,-1):
          print(''The reciprocal of {0} is {1}'').\
          format(x, 1.0/x))
  except ZeroDivisionError:
      print(''Divide by zero? \
      You can't do that!!'')


The reciprocal of 3 is 0.333333333333
The reciprocal of 2 is 0.5
The reciprocal of 1 is 1.0
Divide by zero? You can't do that!!
```

表 2.3　Python 中的标准异常

标 准 异 常	说　　明	标 准 异 常	说　　明
ArithmeticError	算术错误	KeyError	未找到字典键
FloatingPointError	浮点运算失败	TabError	制表符 / 空格使用不一致
IOError	I/O 操作错误	UnicodeError	Unicode 相关错误
IndexError	序列下标超出范围	ZeroDivisionError	除以零

正如你所看到的，通过使用适当的 except 方法，可由代码很好地处理异常，从而避免因抛出错误消息而导致程序停止执行的情况出现。

⊖　有关标准异常的更多信息，请参阅 https://docs.python.org/2/library/ exceptions.html。

2.3.5　函数

我们介绍了 Python 中的一些基本控制流结构，并且可以开始将它们组合成逻辑块来执行特定任务。特别地，我们可以构造出在必要时重复执行的代码片段，其结果取决于所提供的输入参数。换句话说，我们谈论的话题是函数。

Python 中的函数具有以下语法：

```python
def my_function(arg1, arg2=default2,... \
                argn=defaultn):
    ''' Docstring (optional) '''

    instructions to be executed
    when executing the function

    return result # optional
```

请注意，函数定义以保留字 def 开头，函数内部的代码用适当的缩进表示。

该函数的输入参数是变量 arg1，arg2，...，argn，你可以为其中一些参数定义默认值。定义具有默认值的参数必须放在参数列表的最后。

函数定义中的第二行为文档字符串[⊖]，其目的是说明该函数的执行步骤和目的。最后，请注意函数不要求必须有返回值。

让我们定义一个函数来计算由边 a 和 b 所组成的矩形面积：

```python
def rect_area(a, b=1.0):
    '''Calculate the area of a rectangle'''
    return a*b
```

请注意，参数 b 的默认值为 1。如果我们调用此函数只传入一个参数，该函数将知道如何处理计算并在需要时使用默认值。

⊖　文档字符串使我们能够提供有关函数功能的信息。一定要使用它！

```
> c = rect_area(20, 2)
> print(c)
```

```
40
```

定义函数后就可以通过函数名直接调用；就像使用其他 Python 内置函数一样。

在上面代码的第一行中，我们使用两个参数调用 rect_area 函数，这样就将值 20 赋值给参数 a，并用 2 覆盖 b 的默认值。正如预期的那样，计算的面积是 40。让我们尝试只提供一个值来调用函数：

```
> c2 = rect_area(42.4)
> print(c2)
```

```
42.4
```

这里我们只将值 42.4 传递给函数。在这种情况下，值将分配给参数 a，并在计算中使用默认值 b = 1。

我们可以在程序中包含控制流结构⊖，以使它们更有用、更灵活。举个例子，我们实现一个简单的函数来计算数字的阶乘：

```
def factorial(n):
    '''Return the factorial of n'''
    f = 1
    if n<=1:
        return f
    else:
        while n>0:
            f *= n
            n -= 1
        return f
```

其中，"＊＝"和"－＝"表示使用左侧值重复操作。

⊖ 函数可以使用 Python 中的任何控制流结构。

当我们传入一个小于或等于函数期望值的数字时，它返回值 1，当数字大于 1 时，使用 while 循环计算阶乘。让我们使用这个函数：

```
> print(factorial(-3))
    1

> print(factorial(5))
    120
```

更方便的方法可能是即时定义一个简单的函数，而不必使用完整的 def 结构。在这种情况下，可以使用 lambda 函数[⊖]：

```
lambda arg1, arg2, ... : statement
```

与之前一样，arg1，arg2……是输入参数，而 statement 是要根据输入参数执行的代码。

例如，如果我们需要计算数字列表的每个元素的立方，可以尝试以下代码：

```
x = [1, 3, 6]
g = lambda n: n**3
```

在这种情况下，对象 g 是一个 lambda 函数，可以像调用 Python 中的其他函数一样对其加以调用。

到目前为止，没有什么值得奇怪的地方：我们已经用数字 1、3 和 6 初始化了一个列表，然后定义了一个 lambda 函数来计算参数 n 的立方。我们现在可以应用此功能，例如：

```
> [g(item) for item in x]

[1, 27, 216]
```

lambda 函数看起来可能非常简单，但正如上面所示，它虽然简单，但是非常实用。可以在 PySpark 的源代码中看到它的身影。PySpark 是用于 Spark 的 Python API，它是一种开源集群计算框架。

⊖ Python 中的 lambda 函数是在运行时创建的匿名函数。

2.3.6 脚本和模块

由于我们可以灵活地控制一组指令流，并且通过调用我们自己的函数来重复操作，因此能够将代码保存下来并重复使用函数变得势在必行。

在 Python 中，可以在扩展名为 .py 的纯文本文件中保存我们的代码。此外，如果我们运用 iPython / Jupyter Notebook 所提供的交互性，也可以将代码保存在扩展名为 .ipynb 的 JSON 格式文件中。

然后可以通过调用 Python 执行脚本的名称从命令行执行 Python 脚本。例如，我们可以创建一个定义为 main 的主函数并调用，然后将函数保存在名为 firstscript.py 的脚本中，其中包含以下内容：

```python
def main():
    '''Print the square of a list of
    numbers from 0 to n'''
    n = input(''Give me a positive number'')
    x = range(int(n)+1)
    y = [item**2 for item in x]

    print(y)

main()
```

在这种情况下，我们通过命令行让用户输入数字 n。然后，我们使用此数字来计算由 0 到 n 的数字的平方给出的序列，并将其分配给变量 y。最后，我们只需要打印存储列表 y。注意，我们已经使用 n+1 作为 xrange。

请记住，我们已经保存了上面的脚本，但我们还没有执行它。可以通过在包含该脚本所在路径的终端中输入以下命令来完成此操作：

```
> python firstscript.py

Give me a positive number: 4

[0, 1, 4, 9, 16]
```

在这个用例中，我们给出了值 n=4 作为输入。这可能不是最优算法，但我们可以肯定脚本可用。特别是我们可以看到如何创建脚本并向其中添加更多功能，因此自然而然地引出了模块的概念。

模块是包含相关 Python 函数和对象的单一文件或文件集合，用以实现既定的任务。模块使我们能够扩展 Python 语言的功能，并创建使我们能够执行特定任务的程序。任何用户都可以创建自己的模块和包，并将其提供给其他人使用。一旦 Python 安装完成，其中一些模块已经可以随时供我们使用了，我们所需要做的就是在需要使用时将其导入。

例如，我们可以使用数学模块来调用一些常见的数学函数。让我们创建一个脚本来实现一个计算圆的面积的函数。在这种情况下，我们需要用到数学常数 π [⊖]来执行计算：

```python
import math
def area_circ(r):
  return math.pi * r**2


r=3
Area = area_circ(r)
print(''The area of a circle with '' \
''radius {0} is {1}''.format(r, Area))
```

运行该程序将输出如下结果：

```
> python area_circ.py


The area of a circle with radius 3 is 28.2743338
```

请注意，我们需要通过使用 math.pi 告诉 Python 解释器常量 π 是数学模块的一部分。在上面的示例中，我们将导入 math 模块的所有函数。在仅需要特定功能的情况下，这可能有些低效[⊜]。对此，我们可以只导入 π 的值，如下所示：

```python
from math import pi
```

Python 标准库提供了大量模块，更多信息可以在 https://docs.python.org/2/library/ 中

⊖　我们可以在模块 math.pi 中调用常量 π。
⊜　在某些情况下，仅从模块加载所需的功能可能更有效率。

找到。在本书的其余部分，我们将讨论其中的一些模块和软件包。

2.4 计算和数据处理

使用目前所讨论的编程结构，我们已可以完成大量任务，不仅可以用于数据科学中，而且用在一般的项目中也没有问题。但在某些特定情况下，正如我们将在本书的其余部分中看到的那样，借助线性代数可以更有效、更轻松地管理数据计算及进行操作。在本节中，我们将用到 Python 中涉及数据操作和线性代数的一些基本概念。

2.4.1 矩阵操作和线性代数

正如上面提到的，线性代数使我们能够以非常有效的方式执行数据计算任务。它还提供了一个简洁表示法来表达我们需要对数据进行的操作类型——从预处理到显示结果。因此，向量和矩阵$^{\ominus}$的使用是一个非常重要的领域。向量和矩阵是具有一组已定义的运算（例如加法、减法、乘法等）的数值对象的数组。

$m \times n$ 矩阵是具有 m 行和 n 列的矩形数组。特别地，当 $m=1$ 时，我们有一个列向量，当 $n=1$ 时，我们有一个行向量。通常，矩阵 A 可以表示如下：

$$A = \begin{bmatrix} a_{1,1} & a_{1,2} & \cdots & a_{1,n} \\ a_{2,1} & a_{2,2} & \cdots & a_{2,n} \\ \vdots & \vdots & \ddots & \vdots \\ a_{m,1} & a_{m,2} & \cdots & a_{m,n} \end{bmatrix} \tag{2.1}$$

在考虑使用数组时自然会想到使用 Python 的列表对象。例如，我们可以创建两个列表$^{\ominus}$，如下所示：

```
a = [1, 2, 3, 4, 5]
b = [20, 30, 40, 50, 60]
```

但是，请记住，Python 将这些对象视为列表，并且每种类型的对象都有一组已定义的操作。例如，如果我们尝试在数学概念上叠加这两个数组，我们会发现 Python 返回一个意外的答案：

    ⊖ 矩阵可以被认为是行（或列）向量的集合。

    ⊖ 有关列表的讨论，请参阅 2.2.5 节。

```
> a + b
```

```
[1, 2, 3, 4, 5, 20, 30, 40, 50, 60]
```

Python 没有叠加两个向量的元素，而是连接了列表，这是因为 Python 重载了 "+"符号，但如果我们尝试使用其他算术符号，如减法（−）或乘法（×），则会返回错误：

```
> a - b
```

```
TypeError: unsupported operand type(s)
for -: 'list' and 'list'
```

很明显，列表是我们需要执行的操作的良好开端，并且使用 Python 的编程功能将使我们能够构建函数来定义数学运算并基于列表去构造数组。然而，尽管它可能是一个非常好的编程实践，但要构建我们自己的函数，直接操作数组还是有些力不从心。所以我们可以改为利用 Python 中已有的模块，例如 SciPy，它提供了数学、科学和工程领域的一套完整生态系统，尤其是 NumPy，这是一个支持 N 维数组的包。

2.4.2　NumPy 数组和矩阵

NumPy 支持使用数组定义，扩展了 Python 支持的类型，该定义用于描述相同类型的对象集合。NumPy 数组的维度由称为数组形状的 N 个正整数的元组定义。可以将数组视为列表的扩展，因此可以用列表创建数组[⊖]：

```
import numpy as np
```

```
A = np.array([1, 2, 3, 4, 5])
B = np.array([20, 30, 40, 50, 60])
C = A + B
```

在上面的代码片段中，我们将导入 NumPy 包并使用别名 np 来引用该模块。借助 NumPy 中的 array 命令，我们将列表转换为数组对象。如果我们要打印数组 C，将获得以下内容：

⊖　我们使用 np.array 定义 NumPy 数组。

```
> C
```

```
array([21, 32, 43, 54, 65])
```

请注意，在这种情况下，Python 确实按预期叠加了元素⊖。在上面的示例中，我们可以简单地使用上一节中的列表定义并编写如下：

```
A = np.array(a)
```

```
B = np.array(b)
```

正如上面提到的，NumPy 扩展了 **Python** 中列表的功能，以便能够执行矢量运算，例如：

- 矢量加法：+
- 矢量减法：−
- 元素乘法：*
- 点积：dot()
- 叉乘：cross()

你可能已经注意到我们一直在说矢量运算，但是矩阵呢？ NumPy 当然也支持矩阵操作。我们通过 np.matrix 来定义矩阵：

```
M1 = np.matrix([[2, 3], [-1, 5]])
```

```
M2 = np.matrix([[1, 2], [-10, 5.4]])
```

在这种情况下，我们使用矩阵命令来定义对象，并且乘法的结果是符合预期的⊜：

```
> M1 * M2
```

```
matrix([[-28. ,  20.2],
        [-51. ,  25. ]])
```

定义 NumPy 矩阵的另一种方法是使用 mat 函数来定义 NumPy 数组。

⊖ 使用 "+" 符号会导致带有上面定义的两个数组按数学定义预期的方式叠加。

⊜ 我们可以将 NumPy 矩阵与乘法符号相乘来使用。

线性代数中广泛使用的操作是矩阵的转置。使用 transpose 命令可以很容易地实现这一点：

```
> M2.transpose()

matrix([[  1. , -10. ],
        [  2. ,   5.4]])
```

最后，使用 SciPy 包，我们可以使用 linalg 方法，这将使我们能够进行一些典型的线性代数计算，如矩阵求逆：

```
from numpy import array, dot
from scipy import linalg

x = array([[1, 1], [1, 2], [1, 3], [1, 4]])
y = array([[1], [2], [3], [4]])

n = linalg.inv(dot(x.T, x))
k = dot(x.T, y)

coef = dot(n,k)
```

在上面的代码中，我们定义了数组 x 和 y，然后借助线性代数模块的 .inv 命令计算 $n=(x^{\mathrm{T}}x)^{-1}$。请注意，代码中的命令 .T 返回矩阵的转置。然后我们计算 $k=x^{\mathrm{T}}y$，最后是 $coef=nk=(x^{\mathrm{T}}x)^{-1}x^{\mathrm{T}}y$。使用 dot() 函数可以对数组进行矩阵乘法。我们将在第 4 章中详细讨论该计算的细节。

```
> print(coef)

[[ -3.55271368e-15]
 [  1.00000000e+00]]
```

我们故意将调用结果命名为 coef，因为我们可以将这个计算结果简单地看作使用数组 x 和 y 的线性回归的系数。我们将在第 4 章对这个结果进行进一步讨论。

2.4.3　索引和切片

与列表一样，可以通过索引或切片来访问 N 维阵列的内容。我们可以使用通常的表示法 start：end：step 来执行此操作⊖，该步骤将从 start 开始，以步长 step 提取适当的元素，直到 end-1 结束。

```
> a =  np.arange(10)
> print(a[2:6]); print(a[1:9:3])


[2 3 4 5]
[1 4 7]
```

在上面的例子中，索引元素从 2 开始到 6 结束（但不包括第 6 个）。然后我们以 3 的步长索引从 1 到 8 的元素。

相同的表示法可以与多维度的数组一起使用。让我们看一个例子：

```
> b = np.array([np.arange(4),2*np.arange(4)])
> print(b.shape)


(2,4)
```

用 shape 命令可以看出，上面的阵列 b 是 2×4 阵列。我们可以选择第 0 行中的所有元素，如下所示：

```
> print(b[:1, :])


[[0, 1, 2, 3]]
```

其中，我们使用冒号表示法对数组进行切片。"：1"表示第 0 行，而"："表示所有列。

到目前为止一切顺利，但我们所处理的数组、矩阵和向量都是数值。在许多情况下，我们必须处理的数据不一定是单一的数字类型。因此，需要找到一种方法来适应不同数据类型的操作，如分类和文本数据。这样 NumPy 模块的功能会受到限制，尽管如

⊖　对于列表和元组，通常可以使用"："表示法来对数组和矩阵进行索引和切片。

此，Python 仍然可以提供帮助，我们将在下一节中介绍如何处理。

2.5 "熊猫"前来救驾

你可能会认为我们已经在 Monty Python 剧团中神经错乱了，从而将动物名称作为章节的一部分。可惜你错了，因为此"熊猫"非彼熊猫。Pandas 实际上是一个非常强大的类库，它使 Python 能够使用面板数据或数据帧来处理结构化数据集。Pandas [⊖] 库于 2008 年由 Wes McKinney 开始作为立项，旨在使 Python 成为一个更实用的统计数据分析工具 [⊖]。

Pandas 是 Python 技术栈的一个很好的补充，它允许我们使用各种变量操作索引结构化数据，包括使用时间序列、缺失值和多个数据集。在 Pandas 中，一维数组称为 Series，而数据框（DataFrame）则是多个 Series 的容器集合。数据框可以保存各种数据类型并对其进行操作，这使得 Python 的 Pandas 库成为数据科学家不可或缺的工具之一。

在某种意义上，我们可以将 Pandas 序列视为 NumPy 数组的扩展，实际上我们可以使用它来初始化一个序列（Pandas 库的常用别名是 pd）：

```
import numpy as np
import pandas as pd

array1 = np.array([14.1, 15.2, 16.3])

series1 = pd.Series(array1)
```

我们也可以使用列表或元组进行初始化。Pandas 的一个非常有用的功能是使用索引和列名称来引用数据。让我们看看表 2.4 中显示的数据，了解一些动物关于其肢体数量和饮食习惯的详细说明：

表 2.4 要加载到 Pandas 数据框中的表格数据实例

动　　物	四　肢　数	食草动物
巨蟒	0	否
伊比利亚猞猁	4	否
大熊猫	4	是
田鼠	4	是
章鱼	8	否

⊖　McKinney, W. (2012). *Python for Data Analysis: Data Wrangling with Pandas, NumPy, and IPython*. O'Reilly Media

⊖　Pandas 起初用于金融行业。——译者注

我们可以通过创建列表来将这些数据加载到 Python 中，这些列表包含有关描述表中动物的两个特征的相应信息。

```
features = {'limbs':[0,4,4,4,8],\
    'herbivore':['No','No','Yes','Yes','No']}

animals = ['Python', 'Iberian Lynx',\
    'Giant Panda', 'Field Mouse', 'Octopus']

df = pd.DataFrame(features, index=animals)
```

请注意，我们已将表 2.4 中的四肢数和食草动物的特征定义为字典，其中键值是 Pandas 数据帧中列的名称，并且值对应于表中的条目。类似地，我们定义了一个名为 animals 的列表，它将用作标识表中每一行的索引。

我们可以使用句柄 df 查看数据帧中的前 3 个条目：

```
> df.head(3)


              herbivore  limbs
Python             No      0
Iberian Lynx       No      4
Giant Panda        Yes     4
```

其中，head 方法让我们看到数据帧的前几行。同样，tail 会显示最后几行。

如上所述，我们可以通过列的名称来引用列数据。例如，我们可以使用以下命令检索有关第 2 行到第 4 行的四肢数的数据：

```
df['limbs'][2:5]


Giant Panda      4
Field Mouse      4
Octopus          8
```

请注意，我们已将列的名称定义为字符串。此外，我们使用切片来选择所需的数据。同样，可以通过查找正确的索引来获取有关单行的信息[⊖]：

```
df.loc['Python']
```

```
herbivore    No
limbs         0
```

Pandas 中有许多非常有用的命令可以帮助我们理解数据框中的内容。例如，我们可以获得各种列的描述。如果数据是数字，describe 方法将给我们一些基本的描述性统计，如计数、平均值、标准差等：

```
> df['limbs'].describe()
```

```
count    5.000000
mean     4.000000
std      2.828427
min      0.000000
25%      4.000000
50%      4.000000
75%      4.000000
max      8.000000
```

如果数据是分类的，则它提供计数、唯一条目的数量、最高类别等。我们还可以通过描述获得分类数据的有用信息。

```
> df['herbivore'].describe()
```

```
count     5
unique    2
top      No
freq      3
```

将新列添加到数据框非常容易。例如，我们可以在上面的数据中添加一个类，如下所示：

⊖ 可以使用 .loc 方法检索行的内容。

```
df['class']=['reptile','mammal','mammal',\
  'mammal','mollusc']
```

Pandas 还允许我们创建组和聚合：

```
> grouped = df['class'].groupby(df['herbivore'])
> grouped.groups

{'No': ['Python', 'Iberian Lynx', 'Octopus'],
 'Yes': ['Giant Panda', 'Field Mouse']}

> grouped.size()

herbivore
No     3
Yes    2
```

其中，方法 .groups 包含分组信息，.size 返回简单计数。

我们也可以应用聚合函数（aggregation function）。让我们尝试在数据集中计算食草动物和食肉动物的平均四肢数（此处用 NumPy 中的均值函数（mean）来计算）：

```
> from numpy import mean
> limbs = df['limbs'].groupby(df['herbivore'])\
    .aggregate(mean)
> print(limbs)

herbivore
No     4
Yes    4
```

在上面的例子中，我们使用 Python 将数据逐行输入到 Pandas 数据帧中。虽然这对于小型数据集是可行的，但实际上你可能有兴趣从其他来源摄取数据。幸运的是，Pandas 拥有非常强大的输入 / 输出生态系统，能够从众多来源获取数据。表 2.5 中列出了其中一些来源。

表 2.5　Pandas 可用的一些输入源

来　源	命　令	来　源	命　令
Flat 文件	read_table read_csv read_fwf	SQL	read_sql_table read_sql_query read_sql
Excel 文件	read_excel ExcelFile.parse	HTML	read_html
JSON	read_json json_normalize		

Pandas 是一种函数多样且功能丰富的工具，上述简短的讨论中只触及了皮毛而已。我们将在本书的其余部分广泛使用 Pandas，并且只要有可能，我们将提供解释以帮助大家讨论。尽管如此，我们强烈建议你深入了解这个伟大的类库。

2.6　绘图和可视化库：Matplotlib

一图胜千言，数据可视化对案例来说非常重要。

有许多工具可用于在商业智能环境中实现数据可视化，例如 Tableau、QlikView 或 Cognos。在 Python 中，有一些非常好的模块能支持非常炫丽的视觉效果，如 Seaborn，或者像 Bokeh 那样具有交互性。本书中，我们将专注于 Matplotlib 及其称为 pylab $^\ominus$ 的 Matlab 风格的 API，因为它们很稳定。

Matplotlib 是一种具有良好的 Pythonic 风格，并面向对象的绘图库，可以生成各种可视化图，如简单的图、直方图、条形图、散点图等，大多图形只需要几行代码即可实现。如果熟悉 Matlab 或 Octave，你会发现 pylab 非常易于使用。让我们从导入模块开始：

```
import numpy as np
import matplotlib.pyplot as plt
from pylab import *
```

注意，在 iPython / Jupyter Notebook 中，可以使用命令 %pylab 内联来加载 NumPy 和 Matplotlib。

　　$\ominus$　pylab 是调用 Matplotlib 的 API 方式，其出现受早年的 Matlab 和 Octave 启发。

让我们使用下列函数来绘图：

$$y_1 = x^2 \qquad\qquad (2.2)$$
$$y_2 = x^3 \qquad\qquad (2.3)$$

借助 NumPy，我们可以创建一个带 x 条目的向量，并计算 y_1 和 y_2：

```
x = np.linspace(-5, 5, 200)
y1 = x**2
y2 = x**3
```

其中，linspace 命令允许我们创建一个具有指定点数的等间距矢量。

我们可以使用 plot 命令创建一个图片，如下所示：

```
fig, ax = plt.subplots()
ax.plot(x, y1, 'r',\
    label=r''$y_1 = x^2$'', linewidth=2)
ax.plot(x, y2, 'k--',\
    label=r''$y_2 = x^3$'', linewidth=2)
ax.legend(loc=2) # upper left corner
ax.set_xlabel(r'$x$', fontsize=18)
ax.set_ylabel(r'$y$', fontsize=18)
ax.set_title('My Figure')
plt.show()
```

请记住，Matplotlib 是一个面向对象的库，因此我们使用对象来创建图片。上面的命令与 Matlab 和 Octave 中使用的命令非常相似，如需要仔细查看，可以参考其他资源中的语法[⊖]。上面命令的结果如图 2.1 所示。最后，可以使用单个命令图片保存到文件中。在这种情况下，我们可以使用以下代码行创建 PNG 文件：

```
fig.savefig('firstplot.png')
```

⊖ Rogel-Salazar, J. (2014). *Essential MATLAB and Octave*. Taylor & Francis

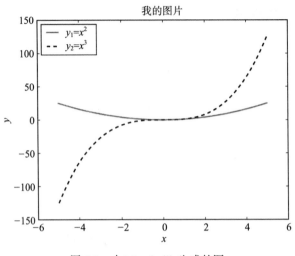

图 2.1   由 Matplotlib 生成的图

2.7   总结

在本章中，我们介绍了使用 Python 编程的一些最重要的方面。首先是在数据科学和分析工作流程中使用 Python 的一些优点，以及 Python 程序员使用的一些通用 Pythonista 编程风格。

我们已经看到 Python 如何在诸如 iPython 之类的 Shell 中以交互方式用作脚本语言，还可以在 iPython / Jupyter Notebook 的帮助下使用丰富的生态系统，也介绍了语言支持的不同类型：数字、字符串、复数、列表、元组、字典。同样，我们看到 Python 如何处理可变和不可变对象。

我们可以在控制流结构的帮助下指导程序执行指令的方式。此外，Python 还通过许多可以轻松导入和使用的模块和包（类库）扩展其功能。在本章中，我们介绍了一些模块，如 NumPy 和 SciPy。在功能强大的 Pandas 库的帮助下，我们可以非常直接的方式进行数据分析和操作。

最后，Matplotlib 是一个模块，它使我们能够创建绘图并可视化，作为我们进行分析的一部分。这些并不是 Python 程序员可用的唯一有用的模块，但它们是本书其余部分将使用的一些模块。如果需要使用我们未在此处介绍的其他模块，相应的章节中会有明确说明。

在下一章中，我们将介绍机器学习和模式识别的重要概念，这些概念是我们进行数据科学和分析运作的基础，并且我们将展示另一个有用的 Python 库：Scikit-learn。

第 3 章

能够探知的机器：机器学习和模式识别

我们通过陈述使用数据作为证据并不是什么新鲜事来开始讨论数据科学和分析。另外，我们在第 1 章中看到了数据科学如何从经验科学、数学、商业智能、模式识别和机器学习中获取工具，如何成为许多重叠任务的重要组成部分。在本章中，我们将把注意力集中在模式识别和机器学习上，以便为目前探索的思想提供背景知识，并构建我们将在后面章节中讨论的算法。

3.1 认知模式

人类的一个重要能力——能够识别刺激中的结构和秩序，得益于我们之前获得的信息。从这个角度来看，人类在认知心理学的领域有很高的造诣，对语言的使用以及记忆力、创造力和思维的研究是人类的主要兴趣⊖。毋庸置疑，识别模式的先天能力并非人类独有，在动物中也很常见。别担心，我们不打算讨论感知过程或物体识别理论。然而，简要地考虑特征分析的心理学理论可能是有用且具有说服力的。

在特征分析中，我们通过考虑对象的组成部分或特征来识别对象，然后将它们组合在一起以确定对象是什么。例如，我们知道猫是一种小型的毛茸茸的动物，有三角形的耳朵、长长的胡须和俏皮的爪子。当我们看到一只猫时，我们能辨别出它是猫，是因为它满足了这些（被简化的）条件。

已经有论文探讨了如何使用猫脸（和人体）的神经元测试集来进行图像识别⊖，因此，基于对算法的使用，模式识别领域对数据集中的规则性的系统检测感兴趣。然后我们可

⊖ Eysenck, M. and M. Keane (2000). *Cognitive Psychology*: *A Student's Handbook*. Psychology Press

⊖ Le, Q. V., R. Monga, M. Devin, G. Corrado, K. Chen, M. Ranzato, J. Dean, and A. Y. Ng (2011). Building high-level features using large scale unsupervised learning. *CoRR abs/1112.6209*

以使用这些模式来执行对猫等对象进行分类的操作。这听起来很熟悉吧？

所讨论的数据集不一定受限于猫的特征或身体的部分。事实上，挖掘模式一直是数学、物理或化学等科学领域的基础。举一个 Tycho Brahe（第谷·布拉赫）和 Johannes Kepler（约翰尼斯·开普勒）的例子[一]：布拉赫有条不紊地记录天体的位置，开普勒解开这些测量背后的奥秘并总结在众所周知的开普勒定律中。

正如想象的那样，识别模式确实很有用，它在诸多应用领域发挥重要的作用。模式识别已经是一个学术领域了，它是作为科学和工程的一部分逐步发展起来的，产生了一系列非常实际的应用问题。

尽管如此，在开发技术方面，工程学并不是唯一的，计算机科学等其他领域也开发了在数据中挖掘规律的能力。因此，停止在各个独立的知识领域继续寻找，而是重点关注它们最终会聚的地方将会是一种有趣的体验。我们会讨论心理学、物理学、数学、工程学和计算机科学。

基于这些知识领域的进步，以及对人类思维的持续好奇，人们提出了旨在了解各个领域的一系列问题。特别是自我反思使我们把注意力转向自己，并使大脑成为研究的热门领域。关于这个话题，仍然有很多未解之谜。

努力了解自己的一个重要目标是解释大脑如何工作以及它如何成为复杂活动的中心。例如，这项活动表现为创造力、认知、学习或智力。

有可能理解这个奇妙的器官吗？如果可能，我们可以复制它的功能吗？进入人工智能领域！

3.2　人工智能和机器学习

人工智能是一个具有多种内涵的领域：从有用的伴侣机器人到有感知的"杀手"机器人，甚至是奇点[二]。关键在于复合名词中第二个词——智能的吸引力。什么是智能？我们如何量化它？存在争议的是第一个词——人工。是否有可能借助机器重建智能，使其行为类似于人的智能行为？

⊖　Gilder, J. and A. Gilder (2005). *Heavenly Intrigue: Johannes Kepler, Tycho Brahe, and the Murder Behind One of History's Greatest Scientific Discoveries*. Knopf Doubleday Publishing Group

⊖　奇点是一个假设的事件，机器能够持续自我改善，导致智能爆炸。

这并不是一个新的目标：重建像人类一样的物种的想法一直是诸如 Golem、Pinocchio 或 Frankenstein 等的故事的灵感来源。因此，当天才艾伦·图灵在 1936 年提出通用机器[⊖]的概念时，制造智能机器人也成为可能。

在图灵测试中，艾伦·图灵考虑玩"模仿游戏"[⊖]，玩家必须根据对话者对他们所提问题的书面回答，决定两个对话者中哪个是人类，哪个是机器。

如果无法把机器和人区分开，则可以说机器也可以"思考"。事实上，如果除了通过与自己的思想进行比较的过程之外，没有办法说出其他人在想什么，那么从这个角度来看，没有理由将机器视为与人类不同。

作为一个研究领域，人工智能的目标是使机器执行与人类智力处理能力相关联的任务。这是一项艰巨的劳动，不仅涉及计算机科学的进步，还涉及神经科学、心理学甚至哲学。

在其他任务中，模式识别（如前一节所述）是人工智能必须完成的各项功能的组成部分。识别规律的能力将使人能够适应各种不断变化的环境条件。这种适应性使人能对周围环境做出反应，并通过学习改变自己的行为。因此，人们对人工智能设备也有相同的期望。

从这个角度来看，机器学习可以看作人工智能的一个子领域。在这方面，机器学习的目标比人工智能要简单得多，机器学习的目的不是成为最终有感知的机器人，而是研究基于环境刺激的可用于改善智能代理的性能的方法。

请注意，尽管此定义使用了引人回忆的语言，但刺激可能不一定是实时读取的，甚至不是由智能代理直接读取，因此智能代理不一定是人工的。

举例来说，业务经理想要了解哪些营销材料是其在线客户最欢迎的。客户浏览习惯的数据可以对此起到作用，这种理解将有助于提高业务经理的业务绩效。由此不难看出为什么机器学习已经成为数据科学和分析的重要组成部分。

机器学习在现代生活中已经无处不在，例如，每次检查电子邮件并在收件箱中识别垃圾邮件时，你都会为算法（很可能是一个朴素贝叶斯分类器（参见 6.4.1 节））提供一

⊖　Turing, A. M. (1936). On computable numbers, with an application to the Entsheidungsproblem. *Proceedings of the London Mathematical Society* 42(2), 230–265

⊖　Turing, A. M. (1950). Computing machinery and intelligence. *Mind 59*, 433–460

个新的例子，以便在未来捕获类似的垃圾邮件。类似地，在线零售商借助协同过滤[⊖]，通过分析其他类似客户之前购买的商品，能够将产品定向到客户。我们之前提到了图像识别，还有其他例子，包括欺诈检测、广告放置、网络搜索等。

3.3 数据很好，但也需要其他支持

机器学习可以为我们业务中遇到的问题提供重要洞察力。这样看来，似乎我们需要的是掌握大量数据。数据确实是一类资产，而且必须将数据作为资产处理。鉴于目前的趋势，数据可用性可能不是问题。但是，我们需要评估可用数据是否确实与我们要回答的问题相关。

正如想象的那样，沿着更多数据的路线走下去相当容易。尽管如此，可能的情况是，访问更好的相关数据比拥有所谓的大数据更可取。我坚持认为，我们在改进数据方面所做的任何努力都值得研究和投资。毕竟，我们试图利用的模式只能与我们采用的数据一样好。

具有相关数据优于具有所谓的大数据，特别是在早期阶段。

考虑到这一点，通常情况下，拥有各种各样的数据可能比拥有大量同类数据更重要。基于同样的原因，能够应用各种聪明的算法可能比简单地拥有大量的原始数据更有效。更重要的是，如果所采用的算法是可扩展的，那么添加更多数据可能是一项简单的任务。

我们在上面提到了获得相关数据的必要性、判断何时确实需要相关数据以及何时不需要相关数据。如果我们恰好熟悉生成数据的业务领域，那么可以判断它是否相关。但是，如果没有这样的经验，我们应该通过寻求相关领域有经验的人的帮助来应对这一挑战。拥有专业知识与拥有数据本身一样有价值！

因此，建议在此过程的早期阶段与相关领域的专家进行讨论和研究。在数据科学团队不拥有此类专业知识的情况下尤其如此。

此外，如果我们确实有兴趣从数据中获得洞察力，那么与领域专家和决策者讨论建模阶段的结果也很重要。需要组织这些讨论，同时了解并非所有相关人员都能够对特定机器学习算法的细节进行复杂而冗长的解释。

⊖ 有关协同过滤的更多信息，请参见 8.4.2 节。

因此，能够以包容的方式有效地就过程中的主要问题进行沟通是很重要的。只有这样才能实现数据科学过程的真实高效。

3.4　学习、预测和分类

机器学习算法的实现涉及分析可用于改进代理模型的数据，并使用结果来预测感兴趣的量或在出现不确定性时做出决定。

重要的是要记住，为了提供预测和分类能力，机器学习对数据的规律性或模式感兴趣，这不一定与因果关系相同。根据观察到的数据，我们需要进行更彻底的检查才能声明原因和结果。

机器学习任务传统上分为两个阵营：预测或监督学习以及描述性或无监督学习。让我们从监督学习开始：这种类型的任务的一个很好的例子是传统的师生情况，即教师向学生展示一些已知的例子以供学习。

监督学习使用标签对数据进行分类。让我们回到猫脸的分类：老师知道猫长什么样子，并向学生展示猫和其他几个动物的图像，学生根据图像中动物的特征或属性来学习猫是什么样子。老师会为每个图像提供一个标签来说明图像中显示的是否是猫。在测试部分，老师将呈现各种动物的图像，并且期望学生对图像进行正确的分类。

在机器学习中，我们说的监督学习是指在标记的输入－输出对的帮助下学习从输入到输出的映射。监督学习使我们能够根据看到的数据进行广泛的预测。

每个输入都具有许多可以用 N 维向量表示的特征，这将有助于学习每个训练样例的标签。将监督学习任务想象成为登山者提供带注释的地图（该登山者正在注册以成为乞力马扎罗山（非洲最高的山）探险队的成员），并要求其识别途中与地图上的标记相似的景观特征。

另一种机器学习任务是无监督学习。在这种情况下，按照老师－学生的例子，老师采取蒙特梭利（Montessori）式的方法，不向学生提供任何提示或标签，让学生自己探索一个关于猫（或学生偏好的任何其他动物）看起来像什么的规则。

在这种情况下，从机器学习的角度来看，没有输入－输出对。相反，我们只有未标记的输入及其相关的 N 维特征向量，而且没有被告知必须寻找那种模式。在这方面，无监督学习任务的定义不如监督学习任务。

这并不意味着无监督学习没那么有用，相反，我们可以使用无监督学习来更好地理解所获得的数据，它可以为我们提供数据集的描述或分类，以及发现有趣的模式。换句话说，无监督学习让我们通过从数据中提取结构来更好地表示数据。

在无监督学习模式中，对应乞力马扎罗山登山者的例子，我们会要求登山者在没有带注释的地图的情况下继续他们的旅行，他们可以从在山顶看到的景观中找出感兴趣的区域。需要注意的是，无监督学习任务可以使我们为这些输入分配标签，从而打开使用预测或监督学习的大门。

我们已经接触到了有标签和无标签的数据，这为我们提供了一些解决问题的线索。现在让我们将注意力转向特征和标签（如果存在）。在 3.1 节中，给出了一些使我们能够识别猫的特征的例子。其中一些特征可以量化，例如我们提到它必须是一个小型的毛茸茸的动物。有多小？我们可以将一个数字与该测量值相关联，然后我们将讨论数值或连续变量。连续变量通常与测量单位相关联，我们可以用实数表示它们。

也可能有一些不能用数字表示的属性，但提供了关于属性类型的描述。在猫的例子中，我们提到了三角形的耳朵，而不是圆形或松软的耳朵。其他属性包括颜色（黑猫、白猫）、性别（雄性／雌性）等。我们将这些属性称为分类或名义变量，并且通常与类或类别相关。

对数据集中的要素类型和标签进行分类似乎是多余的。然而，进一步的审查将让我们看到这种无害的分组使我们能够识别可能更适合的问题的机器学习算法的类型来解决所面临的问题。请看表 3.1，其中提供了属于每个类别的一些典型机器学习算法。

表 3.1　机器学习算法可以根据学习类型和算法结果进行分类

学习类型	分类的	连续的
监督	回归	分类
无监督	降维	聚类

3.5　机器学习和数据科学

我们希望使用机器学习来解决的许多问题往往具有高度复杂性。在尝试应用算法时我们必须牢记这一点，因为不太可能找到一个完美的实际解决方案。尽管如此，如果机器可以学习，我们也可以。机器学习算法适用于数据科学和分析流程中问题的解决方案，我们有兴趣从数据中获取有价值的见解。

举一个监督学习任务的例子，我们的最终目标是找到一个函数 $h(x)$（称为假设）。

此功能使我们能够根据给定的输入数据 x 预测问题的值。在实际情况中，特征向量 x 中的输入是变化的，我们必须决定要考虑的重要特征是什么，然后将它们包含在我们的模型中。

使用训练数据点完成预测器 $h(x)$ 的优化，使得对于它们中的每一个，我们具有对应于预知的输出 y 的输入值 x_{train}。因此，从这个意义上讲，学习是在训练模型的任务中有效地使用数据，以完成其设定的工作。

从这个角度来看，我们可以将涉及该训练任务与 1.4 节中列出的数据科学工作流程步骤联系起来：一旦我们确定了任务，就需要获取相关数据、提取相关特征并构建模型。除了这些步骤之外，我们还必须考虑 3 个重要部分，这些部分将使我们能够决定对于遇到的问题，应选择何种机器学习算法。

通过每个预测，我们可以找到该预测与真实输出值之间的差异。这样做是为了评估预测器的执行情况。该过程的一个重要部分是获得能够在一般条件下良好运行的模型[⊖]，而不是只对所训练的数据起作用的模型。

例如，如果我们有兴趣构建一个能够识别猫脸的算法，我们希望它能够很好地识别新的、以前没有见过的猫。如果算法只能识别 Bowman、伊比利亚猞猁，却不能识别 Mittens、Kitty，那么它不是一个很好的部署算法。然而，即使要识别的物体是图画、照片中的猫或真实的猫，算法也能够识别出来，那么这个算法很棒。当我们讨论算法评估时，将再提及这一点。

在这一点上，需要明确的是没有完美的模型，只有足够好的合适的模型。学习的改进来自在训练数据中泛化常规模式，以便能够对未观察到的数据点进行说明。因此，我们应该注意不要获得"记忆"数据的模型，也就是过度拟合[⊜]。我们可以通过采用正则化和交叉验证等技术来避免这种情况，本章后面的内容中将会介绍。

3.6　特征选择

机器学习是一个强大的工具，不仅可以用于计算机科学、数学和统计学领域，以帮助我们过滤和准备数据，还可以从中提取有价值的信息。因此，能够将有价值的关系和模式与任何随机的、混杂的关系分开是很重要的。在任何实际应用中，不可避免地，令

⊖　泛化是该模型的重要结果。
⊜　我们将在 3.7 和 3.12 节讨论更多关于避免过度拟合的问题。

人分心的噪声会与我们想要利用的信号混合在一起。

因此，未处理的数据可以被看作能够通过过滤以获得所需洞察力的原材料。然而，正如烹饪一样，成分的质量与配方中指定的步骤一样重要。考虑到这一点，我们需要能够思考可以包含在模型（配方）中的可用自变量或特征（成分）。

在某些情况下，使用未处理的原始数据可能是合适的。但是在许多情况下，最好创建新的功能，以合成在原始数据中分散的重要信号。这个过程称为特征选择，我们不仅要考虑现有的特征，还要考虑新特征的创建和提取，甚至消除一些变量。

仔细选择在建模过程中要使用的特征有助于理解模型结果。它对从机器学习算法的应用中获得的预测也有很大影响。创建新特征的常用方法是通过数学变换使变量适合特定算法的利用。例如，许多算法依赖具有线性关系的特征，并且找到使非线性特征在不同特征空间中表示为线性的变换是非常值得的。我们将在第 4 章和 9.1 节中看到一些这样的例子。

确实，预先知道我们应该做出的适当的转换和聚合本身就是一项艰巨的任务。在许多情况下，相似的数据集和类似应用的经验是非常宝贵的。尽管如此，如果你没有经验，也不是什么都做不了。幸运的是，还有一种通过机器学习本身来提取特征向量的常用方法。

在这种情况下，无监督学习可以提供一种方法，可以在数据中找到有用的聚类（参见 5.1 节），这可能为我们指出正确的方向。同样，降维（参见 8.1 节）可以帮助我们确定特征组合，解释数据集中显示的方差。后面的章节中将讨论这些类型的算法。

3.7 偏差、差异和正规化：平衡法

正如上一节中提到的，机器学习算法使我们能够挖掘数据中的规律。因此，我们的任务是概括这些规律并将其应用于尚未观察到的新数据点，这称为泛化。我们感兴趣的是最小化泛化误差，衡量我们的模型对看不见的数据的处理效果。

如果我们能够创建一个能够模拟训练数据中的确切噪声的算法，就能够将训练误差降低到零。这听起来不错，我们会非常开心，直到我们收到一批新数据来测试我们的模型。模型的性能很可能不如我们认为的零泛化误差那么好。我们最终得到了一个过度拟合模型，因为数据存在差异，我们能够描述数据中的噪声而不是发现关系。

关键是要保持偏差（即模型学习错误事情的倾向）和方差（即对数据小范围波动的敏感性）之间的平衡。在理想情况下，我们感兴趣的是获得一个模型，该模型能将模式封装在训练数据中，同时很好地适用于尚未观察到的数据。可以想象，平衡这两个任务，意味着我们不能同时做到这两点，必须找到一个平衡点以便很好地表示训练数据（高方差）而不会有过度拟合（高偏差）的风险。

高偏差模型通常会生成更简单的模型，而不会过度拟合，但这种情况可能导致欠拟合。具有低偏差的模型通常更复杂，这种复杂性使我们能够以更准确的方式表示训练数据，但是也会带来其他问题，这种更高复杂性所提供的灵活性最终可能不仅代表数据中的关系，还代表噪声。描绘偏差–方差平衡的另一种方式是复杂性和简单性。

在何处使用偏差？何处使用方差？如何在使数据维度尽可能简单的同时保留数据的复杂性？建模过程中的欠拟合和过拟合如何平衡？这些都属于数据科学和分析过程中的专门领域，并没有固定规则，需要根据实际情况来一一分析。我们面临的主要的挑战是，不仅每个数据集不同，而且在构建模型时数据集并不完善。相反，我们更愿意构建一种策略，这使我们能够从构建模型所用的样本中分辨出数据。

为了防止过度拟合，可以为模型增添一些复杂的方法来惩罚模型，比如添加额外约束（例如平滑度）或对正在处理的向量空间增加边界，稍后将详细介绍。

这个过程称为正则化，并且可以使用所谓的正则化超参数 λ 来调整引入的惩罚项的影响。

然后可以采用正则化来微调所讨论的模型的复杂性。从某种意义上说，这是一种将奥卡姆剃刀原则[⊖]引入我们模型的方法。

为正则化引入的一些典型惩罚项方法是 L1 和 L2 范数，我们将在下一节中讨论。在 3.12 节中，我们将讨论如何使用交叉验证来调整超参数 λ。

3.8　一些有用的措施：距离和相似性

一旦我们根据训练数据构建了一组模型，重要的是将表现良好的模型与不太好的模型区分开来。那么，我们如何确定模型足够好呢？答案是需要借助评分或目标函数来评估模型。

⊖　奥卡姆剃刀原则告诉我们，当我们用两个相互竞争的理论得到相同的预测时，更简单的理论是首选。

各种机器学习算法都有适当的方法让我们评估在多大程度上可以信任机器学习学到的内容以及模型的预测性如何。因此，模型的性能将取决于各种因素，例如类的分布、错误分类的成本、数据集的大小、用于获取数据的采样方法，甚至所选特征中的值范围。值得注意的是，评估措施方法通常专门针对所使用的问题类型和算法，并且所提供的分数对问题有意义。例如，在分类问题中，分类准确性可以提供比其他措施更有意义的分数。

通常，模型评估可以作为给定目标函数的约束优化问题。然后可以将目标表示为找到使该目标函数最小化的一组参数的问题。这是解决问题的一种非常有用的方法，因为评估措施可以作为目标函数的一部分。例如，考虑我们有兴趣在给定多个数据点的情况下找到最佳拟合线的情况：当数据点排成一条直线时，可以找到完美拟合。可以想象，这种情况很少发生。

在不考虑意外发生的情况下，通过计算点的实际位置与从模型中预测到的点的位置之间的差异，我们可以评估线与数据的拟合程度。如果我们最小化该距离，那么可以评估和比较各种已得到的预测$^{\ominus}$。回归分析中使用的这种特殊评估指标称为残差平方和（SSR），我们将在第 4 章中对其进行更详细的讨论。

正如我们所看到的，距离的概念作为表达评价问题的一种方式自然而然地产生了，事实上许多传统的评价程序依赖于对距离的度量。考虑图 3.1 所示二维空间中的点 A 和 B。点 A 的坐标为 $p(p_1, p_2)$，点 B 的坐标为 $q(q_1, q_2)$。我们想要计算这两点之间的距离。这可以用不同的方式来实现，我们熟悉其中的一些，例如欧几里得距离和曼哈顿距离。

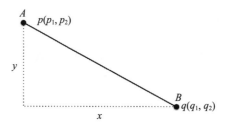

图 3.1　计算点 A 和 B 之间的距离

- 欧几里得距离：这与用连接点 A 和 B 的直线计算的普通距离相对应；在二维空间中，它与毕达哥拉斯定理给出的距离相对应。问题中分别给定两个点的坐标，我们可以得到点 A 和点 B 之间的距离 d_E：

$\ominus$　在回归中，平方和误差的最小化是典型的评估措施。

$$d_E = \sqrt{(q_1 - p_1)^2 + (q_2 - p_2)^2} = \sqrt{x^2 + y^2} \qquad (3.1)$$

其中 x 和 y 的距离如图 3.1 所示。将这个定义扩展到 n 维（即欧几里得距离）：

$$d_E = \sqrt{(q_1 - p_1)^2 + (q_2 - p_2)^2 + \cdots + (q_n - p_n)^2} = \sqrt{\sum_{i=1}^{n} x_i^2} \qquad (3.2)$$

其中 x_i 是沿第 i 维的距离。欧几里得距离又称为 L2 范数（也称 L2 范式）。

- 曼哈顿距离：如果我们联想一辆黄色出租车在曼哈顿沿着街道所行驶的距离，就很容易看出这个距离为什么用这个名字。除了百老汇，出租车不能在街道围成的格子中沿着对角线行驶，而是只能沿南北或东西方向行驶。在图 3.1 所示的情况下，曼哈顿距离 d_M 用下面的公式计算：

$$d_M = |(q_1 - p_1) + (q_2 - p_2)| = |x + y| \qquad (3.3)$$

对于 n 维空间，可以把上面的定义扩展为：

$$d_M = |(q_1 - p_1) + (q_2 - p_2) + \cdots + (q_n - p_n)| = \left| \sum_{i=1}^{n} x_i \right| \qquad (3.4)$$

曼哈顿距离也称为 L1 范数。

从几何学的角度来看，测量两点之间距离的想法非常直观。此外，如果距离为零，我们可以认为这两个点实际上是相同的，或者至少彼此相似。因此，这种相似性思想是评估计算过程中的另一个有用工具，特别是在特征本身不能被放置在几何空间中时。

给定两个点 A 和 B，测量的相似性必须满足下列一般条件：

1）必须是正的：$d(A, B) \geqslant 0$。

2）如果测量值为零，则点 A 和 B 相等，反之，若点 A 和 B 相等，则测量值为零：$d(A, B) = 0 \longleftrightarrow A = B$。

3）必须是对称的：$d(A, B) = d(B, A)$。

4）必须满足三角不等式：$d(A, B) + d(B, C) \geqslant d(A, C)$。

上面讨论的这两个距离可用于衡量相似性，但是还有许多其他有用的方法可以做到这一点，例如余弦和 Jaccard 相似性：

- 余弦相似性：举个例子，这种相似性度量通常用于文本挖掘任务。在这些情况下，被挖掘的语料库的文档中的单词对应于数据特征。这些功能可以被安排到向量中，我们的任务是确定任意两个文件是否相似。余弦相似性基于特征向量的点积的计算。它实际上是向量构成的角度 θ 的度量：如果 $\theta=0$，则 $\cos\theta=1$，并且两个矢量被认为是相似的。对于 θ 的其他值，余弦相似度$^{\ominus}$将小于 1。向量 v_1 和 v_2 的余弦相似度由下面的公式给出：

$$s_C(v_1,\ v_2)=\cos(\theta)=\frac{v_1\cdot v_2}{|v_1|\ |v_2|} \tag{3.5}$$

通常使用欧几里得范数来测量向量 v_i 的大小 $|v_i|$。

- Jaccard 相似性：Jaccard 相似性度量为我们提供了一种比较无序对象集合（即集合）的方法。我们根据所讨论的集合共有的元素来定义 Jaccard 相似性。考虑两个集合 A 和 B，其基数分别为 $|A|$ 和 $|B|$。两个集合的共同元素由交集 $A\cap B$ 给出。为了了解交集相对于集合的大小，我们将前者除以集合的并集。可以表示如下：

$$J(A,\ B)=\frac{|A\cap B|}{|A\cup B|}=\frac{|A\cap B|}{|A|+|B|-|A\cap B|} \tag{3.6}$$

例如，在比较文档相似性时，两个相同的文档具有的 Jaccard 相似性为 1，完全不相似的文档的 Jaccard 相似性为 0。中间值对应于不同的相似度。

也可以使用其他距离和相似性度量。如何选择，将在很大程度上取决于要解决的问题类型以及用于解决问题的算法和技术。在接下来的章节中，我们将一一讨论适合于计算距离以及相似性的特定算法和评估措施。

3.9 注意 "维度的诅咒"

我们一直将数据特征称为将与机器学习算法一起使用的成分中的一部分。一旦确定要包含在模型中的要素，即可将它们视为可以放置数据实例的不同维度$^{\ominus}$：对于单个要素，我们用一维空间表示，两个要素可以用二维表示，等等。

因此，随着我们增加特征数量，模型包含的维数也会增加。不仅如此，我们还将增加描述数据实例所需的信息量，从而增加模型。

⊖ 请注意，余弦相似度是方向的度量，而不是幅度。
⊖ 所选择的包含在模型中的要素，称为数据的不同维度。

随着维度数量的增加，我们需要考虑增加更多数据实例，特别是在要避免过度拟合时。认识到采样空间所需的数据点数量随着空间的维数呈指数增长通常称为"维度的诅咒"[⊖]，这是理查德·贝尔曼在动态规划环境中使用的术语，也是描述这个问题的好方法！

当我们拥有的数据集的数量远远大于数据点的数量时，维度的诅咒变得更加明显。这就是为什么当维数增加时，计算空间中数据点之间的距离会使问题变得明显。

让我们在不失一般性的前提下加以考虑：有一组属于 3 个不同类的数据实例，$M=10$。我们感兴趣的是找到每个数据点的最近邻居，在这种情况下，评估它们是否属于同一个类。这是一个非常简单的分类任务。我们可以通过考虑使用单位长度测量并计算其中的数据点数来简化讨论。图 3.2 中描述了这种情况，其中显示了 10 个数据实例，用三角形、空心圆和加号分别表示一维、二维和三维。

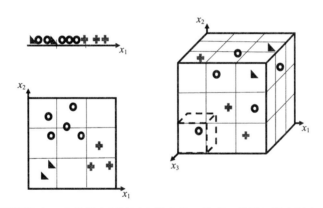

图 3.2　维数的诅咒（10 个数据实例放置在维度从一维到三维增加的空间中，稀疏度随着
　　　　维数的增加而增加）

在一维空间中，单位测量由线给出。在图 3.2 所示的示例中，我们可以看到一个具有 3 个单位间隔的空间，因此样本密度为 10/3。换句话说，每个区间有大约 3.333……个数据点，因此找到一个邻近点并且评估它所属的类别肯定是可能的。

在二维情况下，我们必须搜索 3 × 3=9 个单位正方形的区域，在这种情况下，样本密度为 10/9，或平均每平方 1.111……个数据点。在这种情况下，不太可能在感兴趣的数据点所在的单位平方内找到给定数据实例的邻近点。最后，在三维情况下，我们的特

⊖　Bellman, R. (1961). *Adaptive Control Processes: A Guided Tour*. Rand Corporation. Research studies. Princeton U.P

征空间为 3×3×3=27 个单位立方体，样本平均密度为 10/27=0.111……在这种情况下，我们在立方体内搜索邻近点变得更加困难，因为大多数特征空间实际上是空的。此时我们们说这个空间很稀疏。

很容易看出，当不断添加特征（维度）时，空间会变得更加稀疏。正是由于这种稀疏性，在处理更高维度时需要越来越多的数据实例。例如，如果我们有兴趣使用一个介于 0 和 1 之间的值的特征来执行分类任务，同时希望数据集覆盖此范围的 25%，那么我们将需要总体样本的 25%。通过添加另一个特征，我们需要总体样本的 50%（$0.5^2=0.25$），有 3 个特征时，我们需要总体样本的 63%（$0.63^3≈0.25$）。

我们可能认为简单地添加更多数据是消除维度诅咒的合适的解决方案。但是，正如上面所介绍的，重要的是要记住所需的数据实例数量随着维度的数量呈指数级增长。在实践中我们很少访问无限量的数据。此外，使用太多特征实际上会导致过度拟合。

按照上面的分类示例，有 3 个类别（三角形、空心圆和加号），在考虑更多数量的特征时，更容易找到将数据实例分类为单独类的各种方法。这是一个很好的开始，但我们必须小心避免过度拟合，或者甚至被错误的模式带偏了方向。此外，较高维空间中的稀疏性不均匀，并且原点周围的空间比超空间的角落更稀疏。

为了理解这个问题，让我们考虑一下二维空间。特征空间的平均值位于单位正方形的中心。如果想要在距离中心一个单位距离内搜索空间，我们将在由单位半径圆（由正方形限定）给出的区域内搜索。落在该区域之外的任何数据实例都变得更接近正方形的边缘并且变得更难以分类，因为它们的特征值与在中心的那些（平均值）相距更远。现在让我们考虑 N 维的情况：

远离单位圆中心的数据实例更难以分类。这种情况在更高的维度上更加严重。

N 维单位超立方体的体积为 $1^N=1$。

N 维的单位超球的体积⊖是：

$$V(N) = \frac{\pi^{\frac{N}{2}}}{\Gamma\left(\frac{N}{2}+1\right)} r^N \tag{3.7}$$

⊖ DLMF (2015). NIST Digital Library of Mathematical Functions. http://dlmf.nist.gov/, Release 1.0.10 of 2015-08-07

其中半径 $r=1$ 表示单位超球，$\Gamma(\cdot)$ 是伽马函数。

在图 3.3 中，我们展示了随着维数 N 的增加，超球的体积趋于零。尽管如此，超立方体的体积仍然是固定的。这意味着在高维空间中，大多数数据实际上位于定义的超立方体的角落特征空间，使分类任务更难实现。

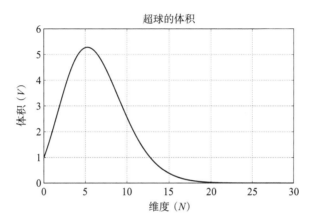

图 3.3　超球的体积与维度的函数关系（随着维数的增加，超球的体积趋于零）

维度的诅咒真实存在，并没有太多可以完全消除它的方法，但是可以将其最小化，例如仔细检查低维方法在更高维度上是否有效。避免维度诅咒可以通过增加数据量来完成，但即便考虑用这种方法，还是要考虑所使用的特征数据是否确实是合适的数据集合。

在这方面，除了仔细地选择特征外，还可以通过将数据从较高维空间转换为较低维度的空间来减少问题的维数，如主成分分析（PCA）的情况。我们将在第 8 章讨论这种技术。至于避免过度拟合，在 3.12 节我们将讨论交叉验证背后的想法。但首先我们需要停下来谈谈 Scikit-learn。

3.10　Scikit-learn 是我们的朋友

正如我们所看到的，机器学习的广泛目标是开发和应用从数据中学习的算法，这个目标可以通过各种方式实现。最近随着计算机技术的进步，以及我们掌握的有用的软件工具具有越来越高的可用性，许多人都可以实现这样的目标。

在众多编程语言和工具中，我们选择使用 Python。在可以使用的库和包中，我们主要关注 Scikit-learn，因为它包含广泛的机器学习算法。Scikit-learn 构建于第 2 章中已经看过的库，例如 NumPy、SciPy 和 Matplotlib。Scikit-learn 能够与 Pandas 数据帧和 Python 中的其他对象进行交互。值得一提的是，Scikit-learn 的重点是数据科学工作流的建模部分，而不是数据的操纵。

Scikit-learn 提供了一些流行的模型和技术，例如：

- 回归
- 聚类
- 特征选择
- 降维
- 分类
- 交叉验证

......

在接下来的章节中，我们将有机会探索这些模型的一些实现。Scikit-learn 还附带了一些测试数据集，可用于研究各种模型的用法。

鉴于我们将广泛使用该库，很值得在这里谈一下 Scikit-learn 中的模型所期望的典型数据表示。如 2.4 节所述，矩阵和向量是一种受欢迎的数据表示，特别是对于数学计算和操作。Scikit-learn 继承了这一点，并且它期望数据以具有 M 个数据实例（行）和 N 个不同特征（列）的二维数字矩阵的形式表示[⊖]。

数据科学和分析中的典型示例是 Iris 数据集，可以想象它包含在 Scikit-learn 中。该数据集最初由 Ronald Fisher 使用[⊖]，并且总共有 $M=150$ 个样品，其中包含 3 种鸢尾花，分别 是 Setosa（50）、Virginica（50）和 Versicolor（50）。对于每个样本，我们提供 $N=4$ 个特征量度（以厘米为单位）：萼片长度、萼片宽度、花瓣长度和花瓣宽度。

我们可以通过直接从 Scikit-learn 导入来加载此数据集，如下所示：

```
from sklearn.datasets import load_iris

iris = load_iris()
```

⊖ 例如，矩阵可以是 NumPy 或 SciPy 数组。

⊖ Fisher, R. A. (1936). The use of multiple measurements in taxonomic problems. *Annals of Eugenics* 7(2), 179–188

通过上面的两行代码，我们导入了数据集并将其加载到名为 iris 的对象中。我们现在可以检查包含特征数据的矩阵。例如，矩阵的大小必须是 $M=150$ 和 $N=4$，我们可以使用 shape 方法验证这一点，如下所示：

```
> iris.data.shape
(150L, 4L)
```

其中，iris 数据集由 150×4 矩阵表示。

让我们先看看这 6 个数据实例[⊖]：

```
> iris.data[0:6,0:4]

array([[ 5.1,  3.5,  1.4,  0.2],
       [ 4.9,  3. ,  1.4,  0.2],
       [ 4.7,  3.2,  1.3,  0.2],
       [ 4.6,  3.1,  1.5,  0.2],
       [ 5. ,  3.6,  1.4,  0.2],
       [ 5.4,  3.9,  1.7,  0.4]])
```

数据集还包含每个数据实例所属的类，即 setosa、versicolor 或 virginica。可以通过查看 iris 对象的 target_names 来获取信息：

```
> print(iris.target_names)

['setosa' 'versicolor' 'virginica']
```

请记住，Scikit-learn 需要数字格式的数据，因此使用字符串来表示类是不合适的。相反，3 个类别中的每一个都使用与上面列表中名称的位置相对应的数字进行编码：

```
> iris.target[0:151:50]

array([0, 1, 2])
```

⊖ 我们可以使用切片和切块来查看数据集的内容。

3.11 训练和测试

我们用于深入了解业务或研究问题的模型需要数据。以数据为资源，我们需要注意它的使用方式、时间和地点。假设我们的任务是运行上一节中提及的 iris 数据集的分类模型，可以考虑基于所提供的 4 个特征值，使用全部的 150 条记录来建立我们的模型。

根据所使用的 4 种测量（特征），建模结果可以对任何新鸢尾花进行分类。但是，如何知道我们的模型表现得有多好（或多么糟糕）？我们必须等到在模型训练阶段没有得到的新数据出现。这可能是一个问题，因为我们身边不一定有 Mark Watney [⊖]（火星植物学家）或任何其他（虚构的或真实的）植物学家来获得新的鸢尾花标本，无论它们是生长在地球、火星还是其他地方。

更重要的是，我们必须记住，建立一个模型，是因为我们希望能有效地使用它。这意味着我们应该关注其对于新的、之前未见的数据进行处理的性能，因此评估这种情况的标准是错误率。如果我们使用整个数据集来训练模型，则无法确定训练误差，更不用说该模型将被构建为仅考虑训练数据并因此可能过度拟合，即它不会推广到新的数据实例。

解决此问题的一种方法是从原始数据集中准备两个独立的数据集：

- 训练集：这是模型将看到的数据，用于确定模型的参数。
- 测试集：也称"保留集"，我们可以将其视为新数据。该模型尚未遇到它，它将使我们能够测量使用训练集构建的模型的性能。

在某些情况下，不是将数据分成两组，而是分为三组。第三组称为验证集，用于调整模型（有时用于验证模型）。这三个部分都需要代表将与模型一起使用的数据。重要的是要澄清测试数据不得用于训练模型，并且验证集不得用于测试。

我们可以在图 3.4 中看到这种情况的示意图。请注意，在建模中使用的训练集为我们提供了训练误差的度量。反过来，当应用测试数据集时，我们可以测量模型的执行情况，即获得了泛化误差的度量。最后，当使用新数据时，我们获得所谓的样本外误差的度量。

从对维度的诅咒的讨论中，我们得知用于建模的数据实例越多越好。另一方面，得到的测试数据越多，误差估计就越准确。将数据集拆分为训练集和测试集的常用方式是

⊖ Weir, A. (2014). *The Martian: A Novel*. Crown/Archetype

80%/20%，通常将 1/10 ～ 1/3 的数据用于测试。其他组合也是可能的，例如 70%/30%。

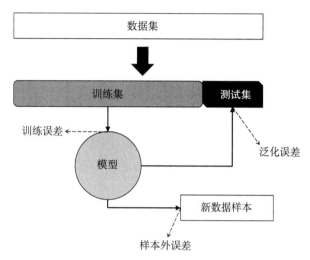

图 3.4　数据集分为训练集和测试集（训练集用于建模阶段，测试集用于验证模型）

如果直接拆分为无法代表数据的数据集[⊖]，例如在数据中的特定类未在训练集中表示的情况下，可以考虑使用分层方法。分层旨在分割数据集，以便在测试集和训练集中表示每个类。

拆分数据可以通过将集合划分为两个（或三个）部分而不改变数据的顺序来完成。但是，如果定好了数据集，这种朴素的程序可能会导致训练集和测试集的不平衡。更好的方法是随机选择每个数据集的数据实例。因此，无论数据的顺序如何，都可以将随机化作为工作流程的一部分进行。

Scikit-learn 能够使用 model_selection 模块及其 train_test_split 函数按照以下语法协助将数据集拆分为随机序列和测试子集[⊖]：

```
model_selection.train_test_split( \
        *arrays, \
        test_size, \
        train_size, \
        random_state)
```

⊖　拆分给定数据集时必须考虑许多因素。

⊖　对于早于 0.18 的 Scikit-learn 版本，此功能位于 cross_validation 模块中。

其中 *arrays 是要拆分的数据集，test_size 接受 0～1 之间的值，表示要包含在测试集中的数据集的比例，train_size 可以省略，如果省略，其值会自动设置并填充。最后，random_state 初始化随机数生成器以进行采样。

我们可以看到这如何应用于 iris 数据集。我们希望将这些特征存储在名为 X_train 和 X_test 的数组中，将对应的目标存储在 Y_train 和 Y_test 中。我们希望持有 20% 的数据用于测试。

下面让我们用 Scikit-learn 分割 iris 数据集。

```
from sklearn import model_selection


X_train, X_test,\
Y_train, Y_test =\
    model_selection.train_test_split(\
    iris.data, iris.target,\
    test_size=0.2, random_state=0)
```

可以检查新创建的集合的大小：

```
> print(X_train.shape, Y_train.shape)


((120, 4) (120,))


> print(X_test.shape, Y_test.shape)


((30, 4) (30,))
```

然后，将使用训练数据集 X_train 和 Y_train 完成建模任务。我们可以通过测量测试数据集 X_test 和 Y_test 的误差来评估模型的工作情况。

3.12 交叉验证

由于我们希望进行准确和有用的预测，因此需要确保创建的任何模型都能很好地分析训练集中所没有的外延数据。换句话说，要避免过度拟合。我们已经讨论了如何通过训练集和测试集的拆分来实现这一目标。尽管如此，我们使用单个训练数据集获得的参数可能最终反映了特定方式，这种方式是数据拆分所导致的。

针对这个问题的解决方案很简单：我们可以使用统计抽样来获得更准确的测量结果。此过程通常称为交叉验证。交叉验证通过将数据重复分成训练集和验证集，并且每次都重新执行模型训练和评估来提高统计效率。交叉验证的目的是使用数据集在训练阶段验证模型。

让我们看看为什么交叉验证能够提供帮助，考虑以下情况：我们已经进行了初步的训练 / 测试拆分。训练集用于建模，我们使用测试集进行评估。想象一下，现在已经使用了一种不同的随机状态来拆分数据。我们希望模型在训练期间看到不同的数据点。第二次拆分获得的泛化误差将与第一次拆分时不同。我们可以通过一遍又一遍地重复这种情况来减少可变性，使用不同的分区并对轮次中的验证结果进行平均。此外，当我们拥有大量但有限的数据点时，交叉验证是一个很好的工具。让我们看看如何通过 k 折交叉验证来完成。

k 折交叉验证

常见的交叉验证技术是 k 折程序：原始数据被分成 k 个相等的集合。从 k 个子集中，保留单个分区用于验证模型，另外的 $k-1$ 个子集用于训练。然后将该过程重复 k 次，逐个使用 k 个子集中的每个子集进行验证。因此，我们将共有 k 个训练模型。可以组合每个折叠的结果，例如通过平均，可以获得样本外误差的单个估计。k 折交叉验证的示意图如图 3.5 所示，此处展示的是 $k=4$ 的过程。

还有其他交叉验证程序，例如 LOO（Leave-One-Out），其中一个数据样本用于验证，其余的 $M-1$ 个数据点用于训练。如果要从整个数据集中删除 p 个样本，将可实现所谓的 LPO（Leave-P-Out）程序。

Scikit-learn 使我们能够借助 KFold、LeaveOneOut 和 LeavePOut 等函数进行交叉验证拆分。这些函数背后的想法是生成 k 个索引列表，可用于为每个折叠选择适当的数据点。例如，我们可以为 Iris 数据集创建 10 个折叠，如下所示：

```
kfindex = cross_validation.KFold(n_splits=10,\
    shuffle=True,\
    random_state=0)


for train_ix, test_ix in kfindex.split(iris.data):
```

```
X_train, X_test =\
iris.data[train_ix], iris.data[test_ix]
Y_train, Y_test =\
iris.target[train_ix], iris.target[test_ix]
```

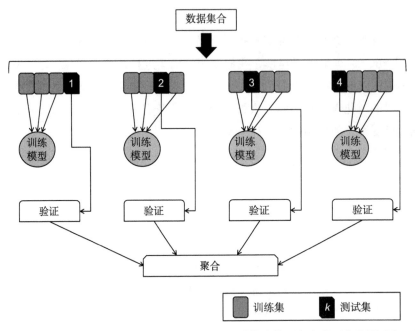

图 3.5　对于 k=4，我们将原始数据集拆分为 4 个，并依次使用每个分区作为测试集。每个折叠的结果在最后阶段汇总（平均）

其中，KFold 有效地维护一个索引，该索引跟踪进入每个训练集和测试集的数据实例。

交叉验证是一种有用且直接的方法，可以更准确地估计样本外错误，同时比单个训练/测试拆分可以更有效地使用数据。这是因为数据集中的每条记录都用于训练和验证。

交叉验证在特征和模型选择过程中也很有用。例如，它可以用于调整 3.7 节中引入的正则化参数 λ：我们分出训练数据并训练固定值为 λ 的模型。然后我们可以在剩余的子集上测试它，并在改变 λ 的同时重复这个过程。最后，我们选择最适合的 λ 来最小化误差。

尽管有这些优点，但我们必须记住，交叉验证会增加需要完成的计算工作，如果过度使用，可能会导致过度拟合。不过鉴于上述优点，仍建议使用交叉验证。在本书中的一些例子中，我们不会把交叉验证步骤作为各种模型要解决的问题来介绍，但要记住，交叉验证是数据科学工作流程建模的一个组成部分。

3.13　总结

在本章结束时，我们在数据科学和分析工作中必须始终牢记这些想法：

- 如果机器可以学习，我们也可以！
- 机器学习和数据科学不是关注因果关系，而是关注预测、洞察力和知识。
- 所有模型都是错误的：没有完美的模型，只有足够好的模型。
- 数据科学和分析工作流程是一种平衡行为：
  - 偏差和变化
  - 复杂性和简单性
  - 过度拟合和正则化
  - 更多数据和巧妙的算法和资源
  - 准确性和洞察力
  - 减少的工作量和计算成本
  - 鹿角兔般的数据科学家和独角兽般的数据科学家
- 拥有大量数据（甚至是大数据）是好的，能够构建模型也是一项很好的技能。尽管如此，它们也并不是万能的。
- 注意维度的诅咒。
- 将我们的数据分成训练集和测试集不仅是良好的做法，而且是必要的。
- 数据科学建模阶段的一个重要部分是使用交叉验证。请记住，测试数据绝不能用于训练。

第 4 章
关系难题：回归

回归分析是统计分析中使用得最广泛的工具之一。大多数人通过使用或解释它可能对其已经有了一定了解。回归分析具有易于计算和假设的特点，这使其成为一项强大的技术。但是，也正是由于这些特点，有时回归会被误用或被误解。

在本章中，我们将介绍回归分析的主要方面，从问题的动机开始，涵盖线性和多项式回归技术。同样，我们将看到如何在恰当的正则化技术的帮助下完成特征选择。

4.1　变量之间的关系：回归

考虑一种情况：你想确定两条（或更多条）信息之间的关联，例如，孩子的身高与父母身高的关系，或者冰激凌的销售与温度的关系，甚至动物的体重和脑容量之间的关系。我们可以收集这些事件的数据并构建模型，模型使我们能够探索相关变量之间的关系。最终，在给定其他变量的情况下，我们的目标是使用模型来预测感兴趣的变量。

我们通常将感兴趣的量称为响应量或因变量，并用变量 y 表示。其他变量称为预测变量、解释变量或自变量（回归量），并将它们表示为 x。直观地讲，我们知道如果两个变量之间存在一定关系，则这两个变量是相关的，即其中一个变量的值会告诉我们另一个变量的值。

在相关分析中，我们估计一个在 -1 和 1 之间的值，称之为相关系数。该系数告诉我们两个变量之间线性关联的强度。如果两个变量同步变化（即如果一个增加／减少，那么另一个增加／减少），则相关系数为正，而当两个变量变化不同步时（即如果一个减少／增加，那么另一个增加／减少），则相关系数为负。

重要的是要记住，相关系数测量变量之间的线性关联的强度，因此零值并不意味着根本没有关系，它只是表明所讨论的变量之间没有线性关系，其他类型可用。

确定关系的强弱为我们提供了回答最初问题的一些线索。虽然我们可以判断是有强线性关系（±1）还是没有线性关系（0），但相关系数并没有告诉我们如何去确定关系。回归分析帮助我们了解如何确定关系的强弱。

在我们继续前行之前，请注意：仅仅因为我们测量两个变量之间的相关性，并不意味着它们之间存在因果关系。换句话说，人们在下雨时使用雨伞这一事实并不意味着雨伞会导致降雨。我们最好避开贝德维尔爵士的推理类型："如果你的重量与鸭子一样，那么，你就是用木头做的，而且一定是一个女巫"。

同样，在考虑变量之间的关系时我们必须要小心，因为它们可能与第三个混淆变量有关。以我们前面提到的冰激凌销售与温度之间的关系为例：随着夏季临近，冰激凌车正在忙着销售更多的冰激凌。谋杀率也有类似的趋势，热量上升，谋杀率也呈现了上升趋势。[一]在一个简单的分析中，人们可能会冒险查看冰激凌销售和谋杀之间的关系，并得出结论，不考虑天气因素，冰激凌销售和谋杀有因果关系。始终要注意混淆变量。

尽管如此，试图找出这些关系的存在并解释它们并不是什么新鲜事。事实上，甚至这项技术的名称也带有一些历史内涵：19世纪的博学家弗朗西斯·高尔顿爵士（他也是查尔斯·达尔文的堂兄）形象地创造了这个词。高尔顿对各种学科感兴趣，从心理学、天文学到统计学。在法庭上以指纹作为证据也是基于高尔顿的研究[二]，包括估计两个人有相同指纹的可能性。

回到我们感兴趣的主题，高尔顿率先将统计方法应用于他感兴趣的许多科学领域。例如，他确实对儿童及其父母的相对胖瘦/身高感兴趣（也涉及动物和植物）[三]。在他的观察中，他注意到一对身材高大的父母可能会有一个身高高于平均水平的孩子。然而，孩子可能不如父母高。同样，身高低于平均水平的父母也可能会有比父母更高的孩子，但仍然低于平均水平。换句话说，父母和子女之间的身高差异与父母和典型人口身高的偏差成正比。他通过说明后代的高度向均值方向回归来描述这一点。

　　[一] Lehren, A. W. and Baker, A. (2009, Jun 18th). In New York, Number of Killings Rises With Heat. *The New York Times*

　　[二] Cole, S. (2004). History of fingerprint pattern recognition. In N. Ratha and R. Bolle (Eds.), *Automatic Fingerprint Recognition Systems*, pp. 1–25. Springer New York

　　[三] Galton, F. (1886). Regression Towards Mediocrity in Hereditary Stature. *The Journal of the Anthropological Institute of Great Britain and Ireland* 15, 246–263

回归均值是一种纯粹的统计现象，也被看作生活中不可避免的事实。问题的关键在于测量平均值的期望值：一位短跑运动员在比赛中打破了世界纪录，那么在下一场比赛中这位运动员可能会取得平均成绩。再比如，期中考试的成绩可能会比期末考试的成绩差。

总而言之，回归是响应变量的平均值，响应变量是一个函数，具有一个或多个解释变量。回归模型与响应变量函数近似。作为确定变量之间依赖关系的第一次尝试，我们能做的最简单的事情是检查关系是否是线性的。

在这个意义上，线性回归模型假设（除其他事项外）响应可以由线性函数描述[〇]。即使不是这样，我们也可以至少在一系列值上线性近似，或者通过变换得到线性化关系。

线性模型的准确性可能会反映相关变量之间的实际关系，但也可能不会，我们应该提醒自己，没有完美的模型！

因此，线性回归模型具有以下形式：

$$\begin{aligned} y &= f(x) + \varepsilon \\ &= \beta_0 + \beta_1 x + \varepsilon \end{aligned} \tag{4.1}$$

其中 β_0 是线的截距，β_1 是线的斜率，并且 ε 被假定为独立且服从正态分布的随机偏差或残差的向量。我们将 β_0 和 β_1 称为回归系数。在下一节中，我们将模型扩展为多个独立变量，并将看到如何使用矩阵表示法实现模型。

4.2 多元线性回归

在前面的讨论中，我们只考虑了因变量和自变量之间的关系。我们可以扩展模型以包含更多变量，例如观察 N 个响应就是 y_i，其中 $i = 1,2,3,...,N$，并且使用 M 个回归量 x_j[〇]，其中 $j = 1,2,3,...,M$。多元线性回归模型写成：

$$y_i = \beta_0 + \sum_{j=1}^{M} \beta_j x_j + \varepsilon_i \tag{4.2}$$

我们想用矩阵表示线性回归模型。因此，可以将自变量写为 $N \times M$ 矩阵：

⊖ 线性回归假定：
    线性关系；多元正态性；没有或很少有多重共线性；无自相关；同质性。
⊖ 请记住，x_j 是包含我们将在模型中使用的各种数据点的向量。

$$X = \begin{pmatrix} 1 & x_{11} & x_{12} & \cdots & x_{1M} \\ 1 & x_{21} & x_{22} & \cdots & x_{2M} \\ \vdots & \vdots & \vdots & & \vdots \\ 1 & x_{N1} & x_{N2} & \cdots & x_{NM} \end{pmatrix} \qquad (4.3)$$

其中，矩阵 X 为我们提供了 N 个数据点中每个数据点的 M 个不同特征集合的紧凑表示。

而自变量是具有 N 个元素的列向量，类似地，向量 Y 允许我们整理所有的响应 y_i：

$$Y = \begin{pmatrix} y_1 \\ y_2 \\ \vdots \\ y_N \end{pmatrix} \qquad (4.4)$$

最后，回归系数和残差由下式给出：

$$\beta = \begin{pmatrix} \beta_0 \\ \beta_1 \\ \vdots \\ \beta_M \end{pmatrix} \qquad (4.5)$$

$$\varepsilon = \begin{pmatrix} \varepsilon_0 \\ \varepsilon_1 \\ \vdots \\ \varepsilon_M \end{pmatrix} \qquad (4.6)$$

注意，我们在回归系数的表达式中包括了截距 β_0。这就是为什么在表达式（4.3）显示的矩阵中有 1 这一列。以这种方式，我们最终得到多元线性回归模型的表达式：

$$Y = \beta X + \varepsilon \qquad (4.7)$$

因此，我们的任务是求出向量 β 中的回归系数。通过使用矩阵，式（4.7）看上去非常简单。此外，正如我们将在下一节中看到的那样，通过使用这种方式，将使所有计算和操作更容易求出回归系数。

4.3 普通最小二乘法

我们的任务是在由式（4.7）给出的多元回归模型中求出回归系数 $\boldsymbol{\beta}$。回想一下，我们有兴趣根据解释变量的值来预测因变量的值。如果我们能够做出完美的线性模型，y 的实际值将与预测函数 $f(\boldsymbol{x}_1, \boldsymbol{x}_2, ..., \boldsymbol{x}_M)$ 的值完全匹配。这意味着残差 $\boldsymbol{\varepsilon}$ 为零。

更为现实的情况是，我们会通过最小化误差找到最合适的数据线。为了达到这个目的，实现目标函数的一种方法是最小化残差平方和，如下所示：

$$
\begin{aligned}
\mathrm{SSR} &= \boldsymbol{\varepsilon}^2 \\
&= \left| \boldsymbol{Y} - \boldsymbol{X}\boldsymbol{\beta} \right|^2 \\
&= (\boldsymbol{Y} - \boldsymbol{X}\boldsymbol{\beta})^{\mathrm{T}} (\boldsymbol{Y} - \boldsymbol{X}\boldsymbol{\beta})
\end{aligned}
\tag{4.8}
$$

$$
\mathrm{SSR} = \boldsymbol{Y}^{\mathrm{T}}\boldsymbol{Y} - \boldsymbol{\beta}^{\mathrm{T}}\boldsymbol{X}^{\mathrm{T}}\boldsymbol{Y} - \boldsymbol{Y}^{\mathrm{T}}\boldsymbol{X}\boldsymbol{\beta} + \boldsymbol{\beta}^{\mathrm{T}}\boldsymbol{X}^{\mathrm{T}}\boldsymbol{X}\boldsymbol{\beta}
\tag{4.9}
$$

请注意，最后一个表达式中的第三个术语实际上是标量 $\boldsymbol{Y}^{\mathrm{T}}\boldsymbol{X}\boldsymbol{\beta} = (\boldsymbol{\beta}^{\mathrm{T}}\boldsymbol{X}^{\mathrm{T}}\boldsymbol{Y})^{\mathrm{T}}$。

由于我们需要上述 SSR 数量的最小值，因此我们对每个 $\boldsymbol{\beta}_i$ 参数求导，得到以下表达式：

$$
\begin{aligned}
\frac{\partial(\mathrm{SSR})}{\partial \beta_i} &= \frac{\partial}{\partial \beta_i} \left(\boldsymbol{Y}^{\mathrm{T}}\boldsymbol{Y} - \boldsymbol{\beta}^{\mathrm{T}}\boldsymbol{X}^{\mathrm{T}}\boldsymbol{Y} - \boldsymbol{Y}^{\mathrm{T}}\boldsymbol{X}\boldsymbol{\beta} + \boldsymbol{\beta}^{\mathrm{T}}\boldsymbol{X}^{\mathrm{T}}\boldsymbol{X}\boldsymbol{\beta} \right) \\
&= -\boldsymbol{X}^{\mathrm{T}}\boldsymbol{Y} + \left(\boldsymbol{X}^{\mathrm{T}}\boldsymbol{X} \right) \boldsymbol{\beta}
\end{aligned}
\tag{4.10}
$$

现在可以将上面的表达式设为零，从而得到矩阵方程的解（这是式（4.7）中给出的线性模型的解）：

$$
\boldsymbol{\beta} = \left(\boldsymbol{X}^{\mathrm{T}}\boldsymbol{X} \right)^{-1} \boldsymbol{X}^{\mathrm{T}}\boldsymbol{Y}
\tag{4.11}
$$

我们将式（4.11）称为与回归模型相关的正规方程。

在 2.4.1 节中已经遇到过这种计算，我们使用 Python 来演示线性代数运算的使用，例如转置、求逆运算和相乘。让我们一步一步地完成计算。

数学方法

我们可以使用式（4.11）中给出的正规方程来求解由式（4.7）中的线性模型给出的线性系统。让我们看看如何对 2.4.1 节中使用的相同数据进行此操作。对于自变量，有：

$$X = \begin{bmatrix} 1 \\ 2 \\ 3 \\ 4 \end{bmatrix} \qquad (4.12)$$

对于因变量：

$$Y = \begin{bmatrix} 1 \\ 2 \\ 3 \\ 4 \end{bmatrix} \qquad (4.13)$$

我们有一个非常简洁的数据集，一个特征只有 4 个观察量。换句话说，我们有一个 $M = 1$ 乘以 $N = 4$ 的系统。让我们将式（4.7）表示为 $\boldsymbol{\beta} = \boldsymbol{M}_1 \boldsymbol{M}_2$。

现在可以由计算 $\boldsymbol{M}_1$ 开始，如下所示：

$$\boldsymbol{M}_1 = \left(\boldsymbol{X}^{\mathrm{T}} \boldsymbol{X} \right)^{-1} \qquad (4.14)$$

$$= \left(\begin{bmatrix} 1 & 1 & 1 & 1 \\ 1 & 2 & 3 & 4 \end{bmatrix} \begin{bmatrix} 1 & 1 \\ 1 & 2 \\ 1 & 3 \\ 1 & 4 \end{bmatrix} \right)^{-1}$$

$$= \begin{bmatrix} 4 & 10 \\ 10 & 30 \end{bmatrix}^{-1}$$

$$= \begin{bmatrix} 1.5 & -0.5 \\ -0.5 & 0.2 \end{bmatrix} \qquad (4.15)$$

第二部分 $\boldsymbol{M}_2$ 由下式给出：

$$\boldsymbol{M}_2 = \boldsymbol{X}^{\mathrm{T}} \boldsymbol{Y} \qquad (4.16)$$

$$= \begin{bmatrix} 1 & 1 & 1 & 1 \\ 1 & 2 & 3 & 4 \end{bmatrix} \begin{bmatrix} 1 \\ 2 \\ 3 \\ 4 \end{bmatrix}$$

$$= \begin{bmatrix} 10 \\ 30 \end{bmatrix} \qquad (4.17)$$

最后，回归系数由下式给出：

$$\boldsymbol{\beta} = \boldsymbol{M}_1\boldsymbol{M}_2$$

$$= \begin{bmatrix} 1.5 & -0.5 \\ -0.5 & 0.2 \end{bmatrix} \begin{bmatrix} 10 \\ 30 \end{bmatrix}$$

$$\begin{bmatrix} \beta_0 \\ \beta_1 \end{bmatrix} = \begin{bmatrix} 0 \\ 1 \end{bmatrix} \tag{4.18}$$

从上面的结果可以看出，模型的截距为零，线的斜率为1。换句话说，该模型可以用以下等式表示：

$$\boldsymbol{Y} = \boldsymbol{x} \tag{4.19}$$

记住，模型是用 $\boldsymbol{Y} = \beta_0 + \beta_1\boldsymbol{x}$ 表示的。

因此，最佳拟合线由经过原点，夹角为 45° 的线给出，如图 4.1 所示。灰色圆圈对应于回归计算中的数据点，并且该线由式（4.19）给出。

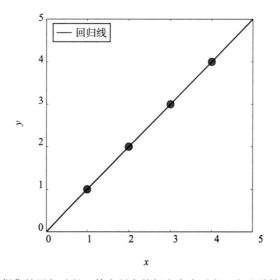

图 4.1 非常好的数据集的回归过程，其中所有数据点完全对齐。在这种情况下，残差都是零

不仅确定回归系数值的操作很重要，能够解释它们也很重要。在截距为 β_0 的情况下，可以将其视为当自变量不存在⊖时预测变量的预期平均值。基于同样的原因，自变量的"单位"增加与预测变量的 β_1 "单位"增加相关联。

⊖ 此处"不存在"表示因变量为零，即 $\boldsymbol{x} = 0$。

请注意，在本节使用的示例中，由于考虑的所有点完全对齐，因此最佳拟合线确实通过了每个点。然而，在更现实的情况下，噪声的存在不容忽视。这就是为什么残差平方和的估计很重要。图 4.2 显示了这种情况的示意图，其中从每个数据点到最佳拟合线的距离显示为点画线。

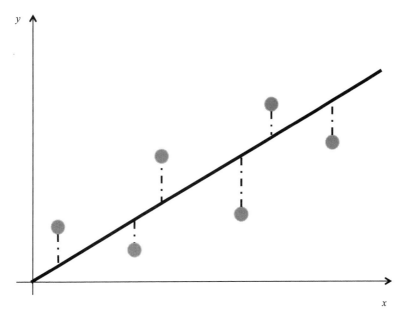

图 4.2　考虑噪声对数据点与最佳拟合线的关系

虽然上面讨论的计算看起来很直接，但计算它们可能有些费力，在存在多于一个或两个独立变量的情况下尤其如此。此外，必须执行的矩阵求逆不是一个简单的计算，我们应该小心，因为不能保证给定的矩阵是可逆的。在这些情况下，我们说矩阵是奇异矩阵或退化矩阵，并且需要近似逆的方法。

我们可以使用式（4.11）给出的正规方程在 Python 中实现一个函数。一种朴素的方法可能非常适合简单的问题。简而言之，我们并不想像本节所做的那样"手动"解决问题，更好的办法可能是使用 Python 库，例如 StatsModels 和 Scikit-learn。

4.4　大脑与身体：单变量回归

现在让我们使用稍大的数据集运行线性回归。在这种情况下，我们将遵循本章开头提到的一个例子。我们使用的数据集着眼于动物体重与其大脑容量的关系[⊖]。数据可

⊖　Allison, T. and D. V. Cicchetti (1976, Nov 12). Sleep in mammals: ecological and constitutional correlates. *Science* 194, 732–734

在 http:// dx.doi.org/10.6084/m9.figshare.1565651 以 及 http://www.statsci.org/data/general/
sleep.html 上获得。

　　我们假定数据已下载到名为 mammals.csv 的逗号分隔值（CSV）文件中，并保存在
名为 Data 的子文件夹中。我们可以使用 Pandas 来操作文件。让我们从查看数据的散点
图开始。在操作之前，我们需要上传必要的模块：

```
%pylab inline
import numpy as np
import matplotlib.pyplot as plt
import pandas as pd
```

　　请注意，上面代码中开头的 %pylab 内联命令导入 NumPy 和 Matplotlib，使得绘图
可以在 Jupyter Notebook 中打印。我们还明确地导入这些库以使代码更清晰。最后我们
导入 Pandas，并为其分配别名 pd。

　　让我们将数据加载到名为 mammals 的 Pandas 数据框中，并使用散点图可视化数据，
如图 4.3 所示。

```
mammals = pd.read_csv(u'./Data/mammals.csv')
plt.scatter(mammals['body'], mammals['brain'])
```

　　使用 Pandas 的 read_csv 方法，可以读取 CSV 文件。

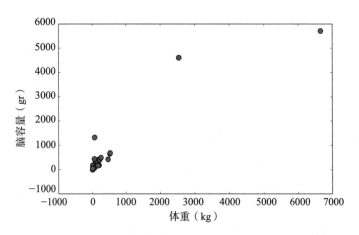

图 4.3　各种哺乳动物的脑容量（gr）与体重（kg）的散点图

让我们看看这两个变量各自的条目数。首先看一下 body 变量：

```
> body_data = mammals['body']
> body_data.shape
```

```
(62, )
```

brain 变量的数目用下面的部分来查看：

```
> brain_data = mammals['brain']
> brain_data.shape
```

```
(62, )
```

可以看到数据集中有 62 条记录。我们已将数据集的每个列的值分配给新的变量，以便于参考。在这里，我们将使用 StatsModels 模块来执行回归。后文中将展示如何使用 Scikit-learn。首先，必须在 body 变量中添加一列 1，以便可以进行截距 β_0 的计算。StatsModels 有一个方便的功能——add_constant。

```
import statsmodels.api as sm
body_data = sm.add_constant(body_data)
```

在上面的代码中，我们加载 StatsModels 包并使用 sm 别名来引用它，然后将一列 1 添加到 body_data 数组中，使其成为 62 × 2 数组。我们准备使用 StatsModels 中实现的普通最小二乘法（OLS）进行回归：

```
regression1 = sm.OLS(brain_data, body_data).fit()
```

如果你熟悉 R，那么你可能也熟悉用于指代变量对回归量的依赖性的"公式表示法"。所以，如果有一个函数 $y = f(x)$，在 R 中可以用代数来表示这种依赖，即"~"。这是一种简单的处理变量之间依赖关系的方法，幸运的是 StatsModels 有一个 API，允许我们在 Python 中使用它：

```
import statsmodels.formula.api as smf
regression2 = smf.ols(formula =\
```

```
'brain ~ body',\
data = mammals).fit()
```

请注意，R 风格的公式不要求我们将 1 这一列添加到自变量中。使用这两种方法获得的回归系数是相同的，并且不要忘记在两种情况下都需要用到 .fit() 命令。

现在让我们看一下将模型拟合到所提供数据的结果。StatsModels 提供了一种摘要方法——Summary()，可以使用适当的信息去呈现外观很漂亮的表。不幸的是，输出的格式更适合在计算机屏幕上而不是在书页中显示。尽管如此，我们鼓励你在 Shell 中尝试以下命令：

```
regression1.summary()
```

你可以为我们执行的第二个模型运行相同的命令，将看到相同的结果：

```
print(regression2.summary())
```

在提供的信息中，将有以下条目：

```
OLS Regression Results
===================================
Dep. Variable:              brain
Model:                        OLS
Method:             Least Squares
No. Observations:              62
R-squared:                  0.873
Adj. R-squared:             0.871
```

OLS 告诉我们因变量的名称、使用的模型和方法以及使用的观察数量。R^2 的值也称为决定系数，此值介于 0 和 1 之间，用于明确数据与模型的匹配程度。值 1 表示获得的回归线非常适合数据，而值 0 表示线性模型不好。该度量与因变量和解释变量之间的 Pearson 相关系数有关。我们可以将线性回归模型表示为 R^2 的最大化问题。

话虽如此，仅仅看 R^2 的值，还是有一些缺点的。也就是说，随着我们在混合中添加更多解释变量，R^2 的值会增加。因此，在通过添加额外特征运行回归模型时应该小心：值的增加可能不是由于输入变量的解释力，而是由于我们添加了额外的输入。这就是为什么 OLS 还提供调整后的 R^2 信息。它与 R^2 非常相似，但引入了一个惩罚项，因为模型中包含额外的变量。调整后的 R^2 值仅在新输入实际上比之前单纯输入预期会更多地改进模型效果。

对于我们的数据集，R^2= 0.873 是相当好的结果，因为 87% 的脑容量总方差是由基于身体质量的线性回归模型解释的。这意味着获得的回归线必须是合适的。到目前为止，我们还没有提到这条线是什么以及如何从 OLS 获得它。

在表 4.1 中，我们可以看到通过在大脑和身体数据集上运行普通最小二乘法获得的回归参数。"系数"列给出了系数的估计值。

表 4.1　对脑和身体数据集进行回归分析的结果

	系　　数	标 准 方 差	t	$P>|t|$	95% 置信区间	
截距	91.004 4	43.553	2.090	0.041	3.886	178.123
体重	0.966 5	0.048	20.278	0.000	0.871	1.062

OLS 使用模型中包含的变量名称列出其余系数。"标准方差"列对应于系数估计的基本标准误差；"t"表示 t 统计量，它告诉我们系数在统计上是多么重要。P 值列在"$P>|t|$"列中，有助于我们确定结果的重要性，考虑系数等于零的零假设为真。小 P 值（通常小于或等于 0.05）表示反对零假设的强有力证据，应该使用系数获得的值。最后"95% 置信区间"给出了 95% 置信区间的下限值和上限值。

表 4.1 中显示的结果表明模型的截距 β_0= 91.004 4，线的斜率 β_1= 0.966 5，模型如下：

$$\text{Brain} = 0.966\ 5\ (\text{Body}) + 91.004\ 4 \qquad (4.20)$$

获得的 P 值表示拒绝零假设。我们可以使用 params 方法获取参数：

```
> regression2.params

Intercept        91.004396
mammals.body     0.966496
```

给定体重，我们可以使用这个方程来预测哺乳动物的脑容量，这可以通过 OLS 中的 predict 方法轻松完成。让我们考虑使用新体重测量值并用上面获得的模型预测脑容量。我们需要以与模型兼容的方式准备新数据。因此，我们可以创建 10 个新数据输入的数组，如下所示：

```
new_body = np.linspace(0,7000,10)
```

对于使用公式 API 运行的模型的 predict 方法，不需要在数据中添加 1 这一列，我们只是表明新数据点将被视为字典，以替换拟合模型中的自变量（即 StatsModels 的说法）。换句话说，你可以输入以下内容：

```
brain_pred=regression2.predict(exog=\
    dict(body=new_body))
print(brain_pred)
```

其中，exog 指的是自变量。这将生成以下输出：

```
array([91.00439621,    842.72379329,
    1594.44319036,  2346.16258744,
    3097.88198452,  3849.6013816 ,
    4601.32077868,  5353.04017576,
    6104.75957284,  6856.47896992])
```

显示的数字对应于用作输入的人工体重测量的脑容量预测。在图 4.4 中，可以看到式（4.20）给出的回归线与集合中的数据点进行比较。请注意，如果不使用公式 API，输入数据将需要添加一列 1 来获取截距。

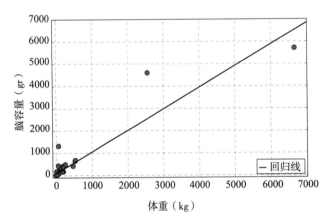

图 4.4   各种哺乳动物的脑容量（gr）与体重（kg）的散点图和回归线

到目前为止已经做得很好，但我们能做得更好吗？例如，查看在体重低于 1000kg 的区域中发生的聚类，并将其与在 2000kg 或 6000kg 标记之后发生的聚类进行比较。后者是异常值吗？或者我们能否提出一个包含这些差异的更好的模型？让我们看一下在各种分析中进行的典型转换。在此之前，我们先使用 Scikit-learn。

回归与 Scikit-learn

我们已经了解了如何使用 StatsModels 来执行线性回归。使用此模块的原因之一是它产生对用户友好的输出。尽管如此，这不是我们执行此分析的唯一方法。Scikit-learn 是另一个非常有用的模块，也是我们在本书中广泛使用的模块。出于完整性的考虑，在本节中我们将了解如何使用 Scikit-learn 执行线性回归。

让我们导入模块来读取数据。我们将使用 Pandas 将数据加载到名为 mammals 的数据集中：

```
%pylab inline
import numpy as np
import pandas as pd


mammals = pd.read_csv(u'./Data/mammals.csv')
```

正如在 3.10 节中讨论的那样，我们知道 Scikit-learn 期望数据由具有 M 个数据实例（行）和 N 个不同特征（列）的二维数字矩阵表示。在这种情况下，我们有 62 个实例和一个特征。让我们通过为因变量和自变量创建适当的数组来按预期排列数据（注意使用双括号来确保数组以正确形状显示）：

```
body_data = mammals[['body']]
brain_data = mammals[['brain']]
```

我们现在准备创建模型。首先，需要用 Scikit-learn 的 linear_model 创建一个线性回归模型的实例。这可以按如下方式完成：

```
from sklearn import linear_model
sk_regr = linear_model.LinearRegression()
```

有了这个，只需要使用模型的拟合方法，我们就完成了：

```
sk_regr.fit(body_data, brain_data)
```

我们现在可以检查获得的截距和系数是否与使用 StatsModels 计算的相同（使用 .coef_ 和 .intercept_ 方法），还可以检查 R^2 系数的值（使用 .score 方法）：

```
> print(sk_regr.coef_)
[[ 0.96649637]]

> print(sk_regr.intercept_)
[ 91.00439621]

> print(sk_regr.score(body_data, brain_data))
0.872662
```

最后，可以使用 predict 方法计算预测：

```
new_body = np.linspace(0, 7000, 10)
new_body = new_body[:, np.newaxis]
brain_pred = sk_regr.predict(new_body)
```

请注意，可使用 np.newaxis 将 NumPy 数组渲染为 Scikit-learn 所期望的格式。

4.5　对数变换

线性回归模型的主要原则之一是认为变量之间的关系是线性的。如果不一定如此，我们可以对导致具有线性关系的数据进行操作或转换。一旦获得线性模型，就可以撤销变换以获得最终模型。

通常使用的典型转换是将对数应用于预测变量和响应变量中的其中一个，或者两个都包含。

让我们看看当将对数变换应用于两个变量时，我们一直在分析的身体和大脑数据的散点图会发生什么变化。我们将在 Pandas 数据集中创建几个新列，以跟踪执行的转换（请记住，Python 中的 log 对应于底数为 e 的对数）：

```
from numpy import log
mammals['log_body'] = log(mammals['body'])
mammals['log_brain'] = log(mammals['brain'])
```

我们可以绘制变换后的数据，正如图 4.5 显示的那样，数据点的排列方式表明了变换空间中的线性关系。

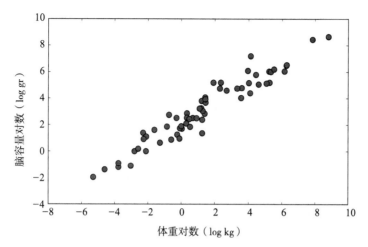

图 4.5　各种哺乳动物的脑容量（gr）与体重（kg）的对数（对数标度的散点图）

为什么会这样？好吧，请记住，我们正在尝试使用模型（简单和更简单的模型），使我们能够利用数据中的模式。在这种情况下，我们在这些数据中看到的关系可以建模为幂，例如 $y = x^b$。

对数据图的对数 – 对数变换，将这种非线性关系映射到线性关系，有效地将复杂的问题转化为更简单的问题：

$$\log(y) = \log(x^b) \tag{4.21}$$
$$\log(y) = b\log(x)$$
$$y' = bx' \tag{4.22}$$

我们使用符号 log 表示指数函数 e 的逆运算。正如所看到的，我们已经将幂模型（回归量中的非线性模型）转换为线性的形式[⊖]，如式（4.22）所示。

现在我们掌握了这些信息，可以使用 mammals 数据集变换后的特征训练一个新模型（这里唯一的区别是我们在 OLS 函数中使用变换后的变量）：

```
log_lm=smf.ols(formula = 'log_brain ~ log_body',\
    data = mammals).fit()
```

但如果打印 log_lm.summary()，OLS 返回的结果却截然不同：

⊖ 在工程和其他学科中，使用符号 ln 来实现此功能。

```
OLS Regression Results
==================================
Dep. Variable:            log_brain
Model:                          OLS
Method:               Least Squares
No. Observations:                62
R-squared:                    0.921
Adj. R-squared:               0.919
```

对数变换使 R^2 的值从 0.873 增加到 0.921。我们可以使用下面的命令查看残差平方和的值：

```
> log_lm.ssr
```

```
28.9227104215
```

现在让我们看一下模型的统计数据以及所有重要的系数。从表 4.2 可以看出，新模型的截距为 β_0= 2.134 8，斜率为 β_1= 0.751 7。该模型的回归线如图 4.6 所示。

表 4.2　使用对数 – 对数转换对大脑和身体数据集进行的回归分析的结果

	系　　数	标 准 方 差	t	$P>|t|$	95% 置信区间	
截距	2.134 8	0.096	27.227	0.000	1.943	2.327
体重	0.751 7	0.028	26.409	0.000	0.695	0.809

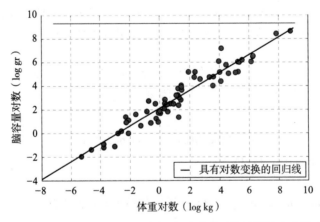

图 4.6　具有散点图的对数 – 对数比例图和针对各种哺乳动物计算的脑容量（gr）与体重（kg）的回归线

请记住，上面获得的系数是针对转换后的数据，如果想将其与原始特征联系起来，则需要撤销转换。在这种情况下，我们有一个模型：

$$Brain=A(Body)^{0.751\ 7} \tag{4.23}$$

其中 $A=e^{2.134\ 8}$。

在图 4.7 中，可以看到原始散点图和两个模型的比较。很容易看出对数变换灵活性更高，比简单线性模型更容易拟合数据集合。这种比较表明，可以构建各种模型来解释我们在数据中观察到的行为。在 4.7 节中，我们将看到如何将多项式回归拟合到同一数据集。尽管如此，请记住，携带适当的训练集、测试集以及交叉验证是一种无与伦比的方法，可以决定哪些模型最适合与尚未获得的数据一起使用。

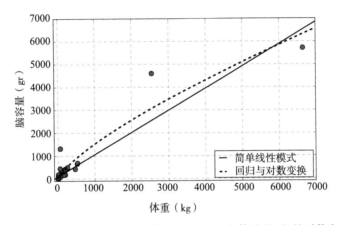

图 4.7   简单线性回归模型与各种哺乳动物的脑容量（gr）与体重（kg）的对数变换模型的比较

4.6   使任务更容易：标准化和扩展

鉴于线性回归背后的主要基本概念是线性关系的假设，如上一节所述的转换使得学习算法和我们的任务变得更容易。可以想象，数据科学家可能会有更多的技巧来转换和预处理数据，以便于建模。在本节中，我们将介绍一些广泛使用的技术来转换我们的数据，并提供解释结果的锚点。

其中一种技术包括使预测变量居中，使其平均值为零，并且通常用于回归分析。除其他事项外，当预测变量设置为零时，可以将截距项解释为目标变量的预期值。另一个有用的变换是变量的缩放。这在特征尺度差别很大的情况下是很方便的，其中一些变量具有很大的值而另一些具有非常小的值。

如上所述，标准化和缩放可以帮助我们解释结果：它们允许我们将特征转换为具有已知范围、平均值、单位和标准差的可比度量。值得注意的是，要使用的转换取决于数据集以及数据源的区域和数据将被应用的区域。它还取决于算法的类型和所寻求的答案。例如，在对聚类分析标准化的综合研究中，Milligan 和 Copper 提出，使用该特征范围划分的标准化方法可以提供一致的聚类恢复[⊖]。我们将在下一章讨论聚类。下面我们先更详细地介绍上面提到的两种技术。

4.6.1　正则化或单位缩放

此转换的目的是将给定变量的范围转换为 $0 \sim 1$。给定 f_{min} 和 f_{max} 之间范围的特征 f，转换关系由下式给出：

$$f_{scaled} = \frac{f - f_{min}}{f_{max} - f_{min}} \tag{4.24}$$

请注意，这种缩放方法会将我们的特征转换为相同的范围，但它们的均值和标准偏差会有所不同。替代公式将每个特征除以其范围，而不是减去最小值。我们可以使用 Scikit-learn 中的 preprocessing 方法将此单位缩放应用于我们的数据，其中包括 MinMaxScaler 函数以实现单位缩放。

```
from sklearn import preprocessing
```

加载完相应的函数后，可以按如下方式应用缩放（Scikit-learn 包含 MinMaxScaler 以实现单位缩放）：

```
scaler = preprocessing.MinMaxScaler()

mammals_minmax = pd.DataFrame(\
scaler.fit_transform(mammals[['body', 'brain']]),\
columns = ['body','brain'])
```

在这里，我们使用 Pandas 来操纵数据集。让我们看一看转换数据的最小值和最大值：

⊖　Milligan, Glenn W. and Cooper, Martha C. (1988). A study of standardization of variables in cluster analysis. *Journal of Classification* 5(2), 181–204

```
> mammals_minmax.groupby(lambda idx: 0).\
agg(['min','max'])
```

```
    body        brain
    min  max    min  max
0   0.0  1.0    0.0  1.0
```

4.6.2 z-Score 缩放

另一种缩放特征的方法是考虑数据点与平均值的距离。为了提供可比较的度量，这里以特征数据的标准差[⊖]为单位计算与平均值的距离。

在这种情况下，正数表示给定的数据点高于平均值，而负数表示低于平均值。上面解释的标准分数称为 z-Score，因为它与正态分布有关。我们对具有均值 μ_f 和标准偏差 σ_f 的特征 f 执行的变换由下式给出：

$$f_{z\text{-Score}} = \frac{f - \mu_f}{\sigma_f} \tag{4.25}$$

严格地说，z-Score 必须用人口的平均值和标准差来计算，否则就得使用《Statistics》[⊖]中学生的 t 统计量。

Scikit-learn 的预处理方法允许我们以非常直接的方式将特征标准化：

```
scaler2 = preprocessing.StandardScaler()
```

```
mammals_std = pd.DataFrame(\
scaler2.fit_transform(mammals[['body','brain']]),\
columns = ['body','brain'])
```

Scikit-learn 包括 StandardScaler 以实现 z-Score 缩放。

转换后应该具有零均值和标准差的特征，让我们检查一下这种情况：

⊖ 标准差用于度量离散的程度。

⊖ Freedman, D., R. Pisani, and R. Purves (2007). *Statistics*. International student edition. W.W. Norton & Company

```
> mammals_std.groupby(lambda idx: 0).\
agg(['mean','std'])
```

	body		brain	
	mean	std	mean	std
0	1.790682e-18	1.008163	-3.223228e-17	1.008163

4.7　多项式回归

在上一节中，我们已经看到输入和输出变量中的简单转换如何将复杂模型转换为更简单的模型。事实上，我们可以尝试使用越来越复杂的函数来拟合不同的模型。需要注意的一点是，当参数 β_i 是线性的时，模型被认为是线性的。考虑到这一点，模型

$$y = \beta_0 + \beta_1 x + \beta_2 x^2 + \varepsilon \qquad (4.26)$$

和模型

$$y = \beta_0 + \beta_1 x + \beta_2 x_2 + \beta_{11} x_1^2 + \beta_{22} x_2^2 + \beta_{12} x_1 x_2 + \varepsilon \qquad (4.27)$$

都是线性的，因为参数 β_i 是线性的。在上述示例中，模型分别由一个和两个变量的二阶多项式给出。

因此当使用这些模型来拟合数据时，我们使用多项式回归，并且一般来说，一个变量中的 k 阶多项式模型（即一般多项式模型）：

$$y = \beta_0 + \beta_1 x + \beta_2 x^2 + \cdots + \beta_k x^k + \varepsilon \qquad (4.28)$$

拟合线性回归模型的技术也可用于上述模型。

多项式模型在已知目标变量中存在非线性效应的情况下非常有用。多项式模型是一个未知函数的有效的泰勒级数展开，因此可以用来逼近它。此外，可以使用不同的正交函数来定义模型。例如，如果决定使用三角函数，我们最终会高效地进入调和分析领域，回归会告诉我们通过傅里叶变换获得的系数。

让我们用之前提到的大脑和身体数据集拟合一个二次项的模型。可以通过添加一个

对应于身体重量平方的特征来开始：

```
mammals['body_squared']=mammals['body']**2
```

现在可以拟合由式（4.26）给出的二次项模型，并且使用 StatsModels 是一个简单的任务（OLS 的应用仍然是相同的）：

```
poly_reg=smf.ols(formula=\
  'brain~body+body_squared',\
  data=mammals).fit()
```

我们看一下得到的参数：

```
> print(poly_reg.params)

Intercept      19.115299
body            2.123929
body_squared   -0.000189
```

换句话说，我们有一个模型：

$$Brain = 19.115 + 2.124(Body) - 1.89 \times 10^{-4}(Body)^2 \qquad （4.29）$$

二次项的系数似乎很小，但它确实对预测有很大影响。让我们看一下预测值，并将它们与其他两个模型进行比较：

```
poly_brain_pred=poly_reg.predict(exog=\
  dict(body=new_body,\
  body_squared=new_body**2))
```

正如我们在图 4.8 中所看到的，多项式回归捕获的数据点比其他两个模型都更接近。然而，通过增加模型的复杂性，我们正面临过度拟合数据的风险。我们知道交叉验证是避免此问题的一种方法，还有一些我们可以控制的其他技术，例如通过每次添加一个特征（前向选择）或丢弃不重要的特征（后向消除）来执行一些特征选择。在 4.9 节中，我们将看到如何通过应用正则化技术将特征选择纳入建模阶段。

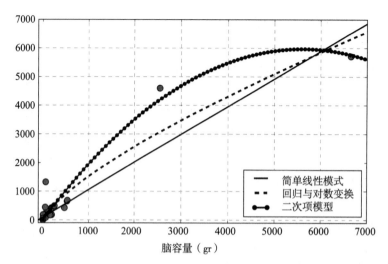

图 4.8   各种哺乳动物的二次项模型、简单线性回归模型和对数变换模型的比较

我们必须记住，增加模型的复杂性，会增加过拟合的机会。

当使用多项式回归时，有许多事情需要考虑。例如，多项式模型的阶数应该保持尽可能低；请记住，我们试图泛化，而不是插补。

一旦获得模型，特别注意不要过度使用模型，借助多项式模型外推是一项危险的任务。还有其他需要注意的技术问题。例如，随着多项式的阶数增加，矩阵逆计算变得不精确，这是病态条件的一种形式，并且在参数的估计中引入误差。

另一个需要考虑的方面是，如果自变量的值被限制在一个较窄的范围内，那么问题也可能受到严重影响，或者用于训练模型的特征中存在多重共线性。多重共线性是指模型中的两个或多个特征高度相关（或者适度相关）的情况。这在多项式回归中变得更为严重，因为特征的较高的幂指数使得彼此高度相关。让我们用一个数组的 9 次方和 10 次方，并计算它们的相关性来研究这一问题：

```
x = np.random.random_sample(500)
```

```
x1, x2 = x**9, x**10
```

```
cor_mat = np.corrcoef(x1,x2)
```

让我们看看相关矩阵：

```
> print(cor_mat)
```

```
[[ 1.          0.99877083]
 [ 0.99877083  1.        ]]
```

可以看到，由计算机产生的随机数 x1 和 x2 之间的相关系数非常接近 1。当数据出现微小变化时，多重共线性导致参数估计值具有较大波动，而且所获得的系数可以使得它们的标准误差相当高而显著性水平较低，尽管它们实际上都很显著且 R^2 较高。

重要的是要注意，多重共线性并不排斥多项式模型的使用。事实上，很可能我们的数据中包含的两个看似独立的特征彼此高度相关，对模型产生不好的效果，因此我们应该避免在模型中一起使用这些特征。

多元回归

在已列举的例子中，我们主要是用一个有单独的自变量的回归模型来解释感兴趣的目标。正如本章前面提到的，在有多个输入变量的情况下，就进入了多元回归领域。

从某种意义上说，当我们思考多项式回归背后的逻辑时，已经间接地看到了多元回归的一个例子[⊖]。在这种情况下，添加的特征是单个输入变量的多次方。对于多元回归的更一般情况，特征由不同的自变量给出。

如果我们考虑一组预测变量 $x_1, x_2, x_3, ..., x_M$，假设它们与响应变量 y 相关，多元回归模型可表示为：

$$y = \beta_0 + \beta_1 x_1 + \beta_2 x_2 + \cdots + \beta_r x_M + \varepsilon \tag{4.30}$$

该模型最大的优点是其参数估计可以用 4.3 节中讨论的相同技术实现。这意味着我们可以继续使用前面章节中描述的相同的 StatsModels 库。此外，与以前一样，在考虑模型中包含的各种独立特征时，应避免多重共线性。

4.8 方差–偏差权衡

现在我们已经探索了用给定表达式模型描述变量之间的关系背后的思想：

$$y = f(x) + \varepsilon \tag{4.31}$$

⊖　多项式回归问题实际上是多元回归问题。

我们可以看看在估计模型 $\hat{f}(x)$ 时得到的预期预测误差。这是由平方误差的期望给出的。

$$E\left[\left(y+\hat{f}(x)\right)^2\right] \tag{4.32}$$

该期望值可以被分解为分别对应于偏差、方差和噪声的部分。

为了便于分解，让我们首先考虑随机变量 Z，其概率分布为 P(Z)。我们将 Z 的期望值表示为 E[Z]。计算 $(Z-E[Z])^2$ 的期望值：

$$
\begin{aligned}
E\left[\left(Z-E[Z]\right)^2\right] &= E\left[Z^2\right]-2E[Z]E[Z]+E^2[Z] \\
&= E\left[Z^2\right]-2E^2[Z]+E^2[Z] \\
&= E\left[Z^2\right]-E^2[Z]
\end{aligned}
$$

因此

$$E\left[Z^2\right]=E\left[\left(Z-E[Z]\right)^2\right]+E^2[Z] \tag{4.33}$$

使用上面的表达式，现在可以看一看对平方误差的期望的分解：

$$
\begin{aligned}
E\left[\left(y-\hat{f}(x)\right)^2\right] &= E\left[y^2-2\hat{f}^2(x)+\hat{f}^2(x)\right] \\
&= E\left[y^2\right]-2E[y]E\left[\hat{f}(x)\right]+E\left[\hat{f}^2(x)\right] \\
&= E\left[\left(y-E[y]\right)^2\right]+E^2[y] \\
&\quad -2E[y]E\left[\hat{f}(x)\right] \\
&\quad +E\left[\left(\hat{f}(x)-E\left[\hat{f}(x)\right]\right)^2\right] \\
&\quad +E^2\left[\hat{f}(x)\right] \\
&= E\left[\left(\hat{f}(x)-E\left[\hat{f}(x)\right]\right)^2\right]+
\end{aligned}
\tag{4.34}
$$

$$\left(E[y]-E\left[\hat{f}(x)\right]\right)^2+ \tag{4.35}$$

$$E\left[\left(y-E[y]\right)^2\right] \tag{4.36}$$

其中，式（4.34）对应于方差，式（4.35）对应于偏差的平方，式（4.36）对应于噪声。

这种分解表明，除噪声外，模型中存在两个误差源。我们的任务是最小化这两个误差源，这两个误差将使我们的算法无法泛化。

一方面，方差告诉我们模型对训练集中的小波动有多敏感，另一方面，偏差与估计量的预期值与其真实值之间的差异有关。高方差导致过度拟合（更复杂的模型），而高偏差导致欠拟合（更简单的模型）。因此，找到一个好的模型也就是平衡偏差和方差的问题。这种权衡适用于监督学习中使用的算法。

4.9　收缩：选择运算符和 Ridge

把预测误差分解成它的方差和偏差分量可清楚地表明，对于可能遇到的任何回归问题，两者之间都需要平衡。一般来说，线性回归显示出高方差和低偏差，因此有理由认为以偏差为代价降低方差是可行的方法。

此外我们还看到，当添加越来越多的特征时，我们解释结果的能力会削弱。因此，最好确定那些最重要的特征。不幸的是，现在的线性回归模型不允许自动执行此操作。

回顾一下我们一直使用的线性模型：

$$y_i = \beta_0 + \sum_{j=1}^{M} \beta_j \boldsymbol{x}_j + \varepsilon_i \tag{4.37}$$

我们感兴趣的是选择系数 β_0 和 β_j，以便最小化由式（4.8）给出的普通最小二乘（OLS）标准，该标准只是平方误差的总和。

该系数实际上是确定特定特征是否重要的方式，系数越接近零，特征越不重要。

然后用较小的值替换估计值：

$$\tilde{\beta}_k = \frac{1}{1 + \lambda} \beta_k \tag{4.38}$$

其中，当 $\lambda = 0$ 时，我们的系数不变，随着 λ 越来越大，系数开始缩小到零。通过正确地选择 λ，可以得到一个具有改进误差的估计器。估计是有偏差的，但请记住，我们很乐意牺牲其中的一些来弥补差异。

因此，系数的收缩是正则化的一种形式，因为我们通过惩罚系数的大小来控制模型的复杂度。在 3.8 节中，我们介绍了 L2 和 L1 范数，因此很自然地考虑这些系数的大小。

L2 范数的使用将导致 Ridge 回归[⊖]：

$$\hat{\beta}^{\text{Ridge}} = \min\left\{\left|Y - X\beta\right|_2^2 + \lambda\left|\beta\right|_2^2\right\} \tag{4.39}$$

通过收缩方程和选择运算符对 L1 范数进行最小化求解（LASSO[⊖]）：

$$\hat{\beta}^{\text{Lasso}} = \min\left\{\left|Y - X\beta\right|_2^2 + \lambda\left|\beta\right|_1\right\} \tag{4.40}$$

在这两种情况下，随着 λ 值的增加，偏差增加，而方差减小。它控制对模型施加的惩罚量，因此找到该参数的适当值非常重要。模型选择是为超参数[⊜]找到适当值的过程，交叉验证是解决此问题的好方法。

例如，使用 k 折交叉验证和一组可能的超参数值 $\lambda \in \{\lambda_1, ..., \lambda_m\}$，我们将数据分为 K 层折叠：$F_1, F_2, ..., F_k$。对于 $k = 1, ..., K$ 中的每个值，我们训练训练集 F_i 中的特征值，其中 $i \neq k$，并验证 F_k 中的特征值。

对于集合 λ 中的每个值，我们计算训练集上的估计值以及验证集上的误差，并计算所有折叠的平均误差。后者为我们提供了与交叉验证错误相对应的曲线。要选择的超参数的值使得它最小化交叉验证错误本身，而交叉验证错误本身又对应于模型的最佳分数。

不要被 Ridge 和 LASSO 回归之间的相似性所欺骗，二者的解决方案有显著的差异。虽然 Ridge 回归在系数接近 0 的情况下表现得很好，但算法从未明确地将它们设置为该值。

这意味着在某些情况下，对于 Ridge 回归，特征选择是不可能的，尤其是在涉及大量特征的情况下。在 LASSO 情况下，使用 L1 范数作为惩罚意味着可以将一些系数缩小到零，使得特征选择成为可能。

⊖ Hoerl, A. E. and R. W. Kennard (1970). Ridge regression: Biased estimation for nonorthogonal problems. *Technometrics* 12(3), 55–67

⊖ Tibshirani, R. (1996). Regression Shrinkage and Selection via the Lasso. *J. R. Statist. Soc. B* 58(1), 267–288

⊜ 调谐参数 λ 有时称为超参数。

重要的是要记住，如果我们的模型中包含的特征不是相同的，那么使用 Ridge 和 LASSO 获得的估计是不公平的。在这些情况下，建议使用4.6节中描述的一些缩放。让我们知道如何在 Python 中运行 Ridge 和 LASSO 回归。在这种情况下，我们将使用 Scikit-learn 来建模。

我们将继续使用身体和大脑数据集，为了使事情变得更有趣，将使用与体重的立方相对应的特征（假设我们已经添加了体重的平方）。我们可以这样做：

```
mammals['body_cubed']=mammals['body']**3
```

这是一个精心设计的功能，将用于演示目的。

首先让我们使用 z-Score 来缩放数据：

```
from sklearn import preprocessing
X = mammals[['body','body_squared','body_cubed']]
Y = mammals[['brain']]

Xscaled = preprocessing.\
StandardScaler().fit_transform(X)
Yscaled = preprocessing.\
StandardScaler().fit_transform(Y)
```

我们不仅对寻找描述 Ridge 和 LASSO 模型中的系数感兴趣，还想在每种情况下为 λ 找到一个适合的值。为了做到这一点，我们需要执行本节前面描述的交叉验证过程。

幸运的是，Scikit-learn 为我们提供了 GridSearchCV 方法，这是一个有用的功能，它允许我们通过实现 fit 和 score 方法对指定的参数值进行穷举搜索。后者将能让我们选择超参数 λ 的值。首先，我们需要创建测试集和训练集：

```
import sklearn.model_selection as ms

XTrain, XTest, yTrain, yTest =\
ms.train_test_split(Xscaled, Yscaled,\
test_size= 0.2, random_state=42)
```

接下来，我们需要定义一个字典来保存要搜索的值（请注意，Scikit-learn 将超参数

称为 α):

```
from sklearn.model_selection import GridSearchCV
from sklearn.linear_model import Ridge, Lasso

lambda_range = linspace(0.001,0.2,25)
lambda_grid = [{'alpha': lambda_range}]
```

我们的搜索将使用 lambda_grid 字典中的每个值，并使用所需的折叠数进行交叉验证：

```
model1 = Ridge(max_iter=10000)
cv_ridge = GridSearchCV(estimator=model1,\
param_grid=lambda_grid,\
cv=ms.KFold(n_splits=20))
cv_ridge.fit(XTrain, yTrain)

model2 = Lasso(max_iter=10000)
cv_lasso = GridSearchCV(estimator=model2,\
param_grid=lambda_grid,\
cv=ms.KFold(n_splits=20))
cv_lasso.fit(XTrain, yTrain)
```

其中，GridSearchCV 使用一组要搜索的参数来处理交叉验证步骤。在这种情况下，我们使用 k 折叠交叉验证。

如图 4.9 所示是一个热图，显示了搜索中使用的超参数值及其方法，以及它们相应的交叉验证平均值。可以通过 best_params_ 方法获得如下实际值：

```
> cv_ridge.best_params_['alpha'],\
  cv_lasso.best_params_['alpha']

(0.133666666667, 0.00929166666667)
```

现在可以将这些参数与相应的模型一起使用来提取系数（可以为 Ridge 模型编写类似的代码）：

```
> bestLambda_lasso=cv_lasso.best_params_['alpha']
> Brain_Lasso = Lasso(alpha=bestLambda_lasso,\
 max_iter=10000)
> Brain_Lasso.fit(XTrain,yTrain)
> print(Brain_Lasso.coef_)
[ 1.65028091 -0.          -0.76712502]
```

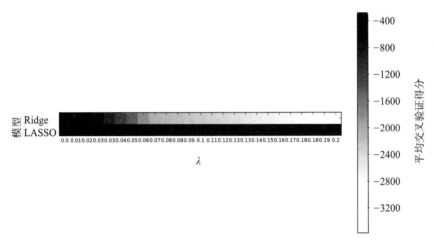

图 4.9 使用 GridSearchCV 可以扫描一组参数，与交叉验证一起使用。在这种情况下，我们显示用于拟合 Ridge 和 LASSO 模型的 λ 的值，以及在建模期间获得的平均分数

可以看到，随着 LASSO 回归的应用，第二个系数已经缩小到零。

最后，看一下使用测试数据集获得的残差平方和：

```
> lasso_prediction = Brain_Lasso.predict(XTest)
> print(''Residual sum of squares:%.4f ''\
    % np.mean((lasso_prediction - yTest)**2))

Residual sum of squares: 0.0114
```

4.10 总结

在本章中，讨论了回归分析的主题。这是我们数据科学和分析之旅的第一步，因为它是最广泛使用的技术之一。回归分析是数据科学家必备的技能。

我们已经看到回归如何允许我们描述输入特征和目标变量之间的关系，同时要记住相关性并不意味着因果关系。

使用线性代数的语言，我们实现了普通最小二乘模型来解决线性回归问题，并将其扩展到多变量情境。此外，还看到了如何使用模型进行多项式回归。

对输入（和输出）数据使用适当的变换有利于建模任务，并且模型中偏差和方差之间的相互作用是在建模阶段需要考虑的重要概念。

在偏差和方差之间连续的矛盾可以用来在规则化技术（如 Ridge 和 LASSO）中提供优势，使我们能够以非常灵活的方式微调模型。回归确实是每个数据科学家的工具箱中应该有的工具。

第 5 章
鹿角兔和野兔：聚类

你是否考虑过如何分辨兔子和牡鹿或者鹿角兔和野兔呢？鹿角兔和野兔相比较，除了鹿角以外都一模一样。分辨兔子和牡鹿时，我们会认为如果该动物体型很小、有长长的耳朵，它就是兔子；如果它有突出的鹿角，那就是牡鹿。我们使用这些不同的特征，基于相似性和差异性来创建分组。

当这些分组都是由相似的数据点组成，没有预定义的名字或者标签时，我们说这就是聚类。如果数据点具有标签，我们就说这是分类，这将在第 6 章中讨论。聚类分析是一种无监督机器学习任务，反之，分类是一种有监督的学习。在本章，将介绍一些重要的算法，以便于能把野兔和鹿角兔、兔子和牡鹿进行聚类。

5.1 聚类

可以把聚类看作一个由相似的数据点组成的分组，所以，相似这个概念就是定义聚类的核心。数据点之间的相似性越高，就能得到越好的聚类、越好的结果。我们提到过，聚类分析是一种无监督学习任务。这就意味着它的目标是通过把数据点划分到相关的组中，从而提供对数据集更好的理解。一旦聚类定义完成，就可以给它们打上标签，用它们作为未知数据分类的起始点。

让我们看一些例子：想象一个刚到达地球的外星生命体，它看到了一些动物。它不知道什么是猫、兔子、马或者獐鹿，它甚至不知道这些奇奇怪怪的动物的名字。

这个外星生命看到的是各物种的一些例子，然后它开始做笔记了：猫有尖尖的三角形耳朵，而兔子的耳朵是长椭圆形的；马有鬃毛；鹿有枝状的角。换句话说，这位外星朋友注意到了各个物种之间的相似性和差异性。于是它就能够给动物进行分组，即使它不知道人类对这些动物的定义是什么。

在它建立的聚类的帮助下，这位友好的外星人可以给各个分组打上标签。下次当它看到一个有圆圆的脑袋、长胡须、三角耳朵的小型哺乳动物时，就可以把这个动物和其他的猫放到同一个分类里。

在上面这个简单例子里使用的聚类，展示出我们可以如何使用它从数据集里挖掘到更多的知识。聚类为我们提供了一个抽象层，从独立的数据点到它们共有相似性质的集合。需要重点指出的是，这种增强的认识是从数据本身固有的结构中提取信息而获得的，而不是强制构造了一个多出来的结构。

从这个意义上说，可以设想一个聚类为一个潜在的类别，而聚类问题的解决方案就是根据现有的数据来决定这些类别。

所以，聚类是一种数据探索技术，能让我们更熟悉数据集。一旦创建了适当的聚类，并给它们打了标签，就可以使用这些聚类作为起始点来使用有监督机器学习技术。这不仅适用于聚类，也适用于其他的无监督学习算法，在本书的其他章节我们会讨论到。

5.2 $k-$ 均值聚类

用于解决聚类问题的最简单的算法之一，就是我们常说的 $k-$ 均值算法[⊖]。其目标是把一个 N 维的数据集划分成 k 个不同的子集，在整个过程开始时 k 的值是确定的。这个算法可以对数据集进行完整的聚类，也就是说，每一个数据点将会被精确地划分到 k 个聚类中的某一个。

$k-$ 均值过程可以看作一种贪婪算法，由于它采用基于局部最优选择的启发式算法[⊖]，所以得到的解决方案依赖于初始化时给定的条件。该过程最重要的部分是决定如何划分数据、产生 k 子集。具体做法是先定义 k 个质心，然后把每一个数据点都赋给距离最近的质心所在的聚类，接着依据聚类中数据点的均值更新质心的位置。

从这个简单描述可以看出，聚类需要数据具有向量形式的特征。我们还必须注意，

⊖ MacQueen, J. (1967). Some Methods for classification and Analysis of Multivariate Observations. In *Proceedings of 5-th Berkeley Symposium on Mathematical Statistics and Probability*. University of California Press

⊖ 用启发式算法可以找到一个近似解决方案，快速解决问题。

这个过程天然是迭代的。下面还有另外两个重要的注意事项：

- 划分算法并不具有尺度不变性，所以如果使用不同的尺度和单位，同一个数据集的划分结果差异可能非常大。在图 5.1 中展示了同一个数据集用两种不同尺度表达的结果。
- 初始的 k 个质心是在处理开始时设置的，不同的质心位置会导致不同的结果。

在建模过程开始时就指定了聚类的个数。$k-$ 均值背后的思想可以总结为以下 4 个步骤：

1）选择初始的 k 个质心位置。

2）对每个数据点，分别计算它到 k 个质心的距离，然后把它赋给距离最近的质心。

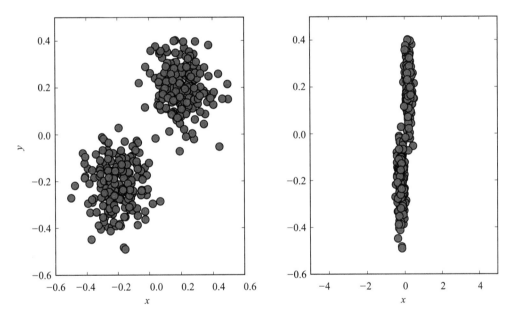

图 5.1　这两个图像是同一个数据集在两个不同尺度上的显示。左图显示了两个潜在的聚类，而右图中的数据则可能被分到同一个组中

3）把全部数据点都分配到聚类中之后，重新计算质心位置。

4）重复步骤 2）和 3），直到收敛为止。

上述步骤 1）要求我们选择一些初始质心，而可能的选择有若干种，可以选择随机的位置⊖。我们也可以先确定一个全局质心，再选择离它距离最远的一些点。比较好的方

⊖　请注意，随机选择的质心可能导致各种不同的行为。

法是在不同的聚类尝试中使用多重随机初始条件。

我们知道，一个聚类是由数据点之间的相似性决定的。在 $k-$ 均值算法中，相似性表现为这些数据点离质心的距离比较小。你为该任务选择的聚类度量或者相似性度量决定了这个距离的大小。我们在 3.8 节中讨论过，一个好的相似性度量需要满足哪些条件。一个直观的相似性度量就是用数据点的 N 个特征计算出来的欧几里得距离。

和许多算法一样，$k-$ 均值的目标是求一个目标函数的最小值。从该目标函数的优化结果中，我们可以知道聚类任务的效果如何。在每次迭代计算质心时要注意这一点。使用点 x 到质心 c_i 之间的欧几里得距离 $d(x, c_i)$ 时，典型的目标函数是如下所示的平方误差函数：

$$\text{SSE}_{k-\text{均值}} = \sum_{i=1}^{k} \sum_{i}^{N} d\left(x_j^{(i)}, c_i\right)^2 \tag{5.1}$$

由此可见，如果有两个不同的聚类结果，我们更倾向于选择平方差总和较小的那个方案。这就表示质心位置收敛结果较好，从而得到了上述目标函数的一个局部最优值。

5.2.1 聚类验证

需要注意的是，即使在没有任何分区存在的情况下，$k-$ 均值算法返回时也会把数据集划分成 k 个子集。因此，这个性质可以用来验证获得的聚类。聚类验证还可以进一步用于识别需要分割或合并的聚类，或者识别那些能够导致聚类整体划分不均匀的单个数据点。

有两种方法可以用来实现聚类验证：结合性和分离性。

结合性用于度量一个聚类内部的数据点之间的关系紧密性，需要计算聚类内的 SSE：

$$C(c_i) = \sum_{x \in c_i} d(x, c_i)^2 \tag{5.2}$$

分离性是度量各个聚类之间的隔离情况的：

$$S(c_i, c_j) = d(c_i, c_j)^2 \tag{5.3}$$

如图 5.2 所示是一个聚类的结合性和分离性的情况。聚类的汇总数据显示了整体的内聚性和分离性度量；度量分离性时，经常需要给汇总数据的各个项目加上权重。

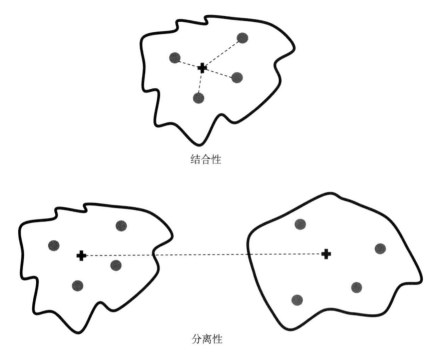

结合性

分离性

图 5.2　聚类结合性和分离性的图示

我们可以使用这两个定义来提供聚类验证的总体度量 V_{overall}，计算各个聚类的加权和，得到的 V 可能表示结合性、分离性或者二者的结合。

$$V_{\text{overall}} = \sum_{i=1}^{k} w_i V(C_i) \tag{5.4}$$

另一个验证方法是轮廓[⊖]分数，它可以把结合性和分离性背后的思想结合起来，计算出一个系数。

对一个数据点 x_i，其轮廓分数包括两个部分：聚类内部到 x_i 的平均距离，表示为 a_i，以及聚类之间到 x_i 的平均距离，表示为 b_{ij}。由这两个度量，我们可以得到 $b_i = \min_j (b_{ij})$：

$$s(x_i) = \frac{b_i - a_i}{\max(a_i, b_i)} \tag{5.5}$$

⊖　Rousseeuw, P. J. (1987). Silhouettes: a Graphical Aid to the Interpretation and Validation of Cluster Analysis. *Comp. and App. Mathematics 20*, 53–65

它的取值范围在 $-1 \sim 1$ 之间。a_i 的值告诉我们 x_i 在聚类中的不相似性，所以这个值越小越好。而如果 b_i 的值较大，则表示 x_i 和附近的一个聚类匹配性较差。我们想得到的是较高的分离性和较低的结合性，这种情况对应的轮廓分数值接近于 1。数据集的平均轮廓分数告诉我们聚类算法的效果如何，并可以用于确定该数据集的最佳聚类个数。

总的来说，$k-$ 均值在计算时间和复杂度[⊖]方面的表现都很好，不过它对于非凸面的聚类，或者含有多种形状和密度的数据效果不是很好。针对这些问题的一种解决办法是增加 k 的值，随后把获得的子聚类进行再次合并。还有，请注意在 $k-$ 均值算法中需要小心地选择距离度量，才能抓住数据集的特点。

5.2.2　$k-$ 均值实际操作

下面我们看一个使用 Scikit-learn 软件进行的 $k-$ 均值聚类的示例。这里使用的数据是关于意大利葡萄酒的化学分析结果，这些酒是由同一地区的 3 个不同品种的葡萄酿造而成的。在 UCI 机器学习知识库的 WineDateset[⊖]中可以找到这个数据集，链接是 http://archive.ics.uci.edu/ml/datasets/Wine。

化学分析得到的 13 种属性包括：酒精、苹果酸、灰分、灰分的碱度、镁、总酚、黄酮类化合物、非黄酮类酚类、原花青素、色强度、色调、经稀释后的吸光度比值 OD280/OD315 以及脯氨酸。数据中还包含用于酿造该酒的葡萄品种信息。在这个示例中，我们不使用该信息，因为 $k-$ 均值是一种无监督机器学习算法。

我们已经将数据预处理成具有列名的 csv 文件，现在可以用 Pandas 读取文件：

```
wine = pd.read_csv(u'./Data/wine.csv')
```

我们可以看到数据集中各列的名称：

```
> wine.columns

Index([u'Cultivar', u'Alcohol', u'Malic_Acid',
        u'Ash', u'Ash_Alcalinity', u'Magnesium',
        u'Total_Phenols', u'Flavonoids',
```

⊖　复杂度是随记录数量增加线性变化的。

⊖　Lichman, M. (2013a). UCI Machine Learning Repository, Wine Data. https://archive. ics.uci.edu/ml/datasets/Wine. University of California, Irvine, School of Information and Computer Sciences

```
    u'NonFlavonoid_Phenols',
    u'Proanthocyanins', u'Colour_Intensity',
    u'Hue', u'0D280_0D315_DilutedWines',
    u'Proline'],
  dtype='object')
```

为了简化这个示例，我们要在上述 13 种特征里集中处理一两种特征。在本示例中，我们使用的是酒精和色强度特征，因为它们都属于品酒师会注意的较为明显的特征。我们要创建一个数组，其中包括这两列的值，同时，我们也会提取每一种酒的葡萄品种信息。

```
X1=wine[['Alcohol','Colour_Intensity']].values
Y=wine['Cultivar'].values
```

设置 k=3，因为我们知道数据集中有 3 种不同的葡萄品种。一般来说，开始时不一定知道这个信息。那样就需要利用轮廓系数进行一些计算来找到最优的 k 值。现在我们使用 Scikit-learn 的 cluster 模块中的 Kmeans 方法：

```
from sklearn import cluster
cls_wine = cluster.KMeans(n_clusters = 3)
cls_wine.fit(X1)
```

其中，KMeans 方法的输入参数 n_clusters 表示聚类的个数 k。

图 5.3 中的阴影区域表示根据数据集中葡萄酒的酒精和色强度特征计算出来的聚类。数据点用实心圆表示，不同的颜色表示它们实际的品种，是数据集本身包含的。最后，用实心的星形来标记最终质心的位置。

用 labels_ 把数据点分配到各个聚类中之后，可以查看一下这些聚类：

```
> print(cls_wine.labels_)


[2 2 2 0 2 2 2 2 2 0 2 2 2 2 0 0 2 2 0 2 0 2 2 2
1 1 1 2 2 2 2 2 2 2 2 2 2 2 2 1 2 2 2 2 2 2
2 2 2 0 0 2 0 2 2 2 2 2 2 1 1 2 2 2 1 2 2 2 1
1 1 1 2 1 1 1 2 1 1 1 1 1 2 1 1 1 1 1 1 1
1 1 1 1 1 1 2 1 1 1 1 1 1 1 1 1 1 1 1 1 1
```

```
1 1 1 1 1 2 1 1 1 1 1 1 1 2 2 2 2 2 0 1 2
2 2 2 2 2 0 2 2 0 0 0 0 0 0 0 0 0 0 0 0 0
2 2 2 0 2 0 0 0 0 2 0 0 0 0 0 0 0]
```

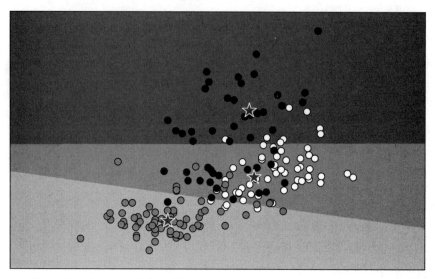

图 5.3　基于酒精和色强度对葡萄酒数据集进行 *k*- 均值聚类。阴影区域对应的是获得的聚
　　　　类。星形表示最终质心的位置

所有记录的标签值表示它分配到的聚类（0、1 或 2）。该算法不知道品种的信息，所以这些数值也没有参考数据集中的相关值。

KMean 拟合的输出还包括最终质心的信息，并保存在 cluster_centers_ 中：

```
> print(cls_wine.cluster_centers_)


[[ 13.38472222    8.74611108]
 [ 12.25353846    2.854      ]
 [ 13.45168831    5.19441558]]
```

最后，我们可以看到用选择的这些特征和 *k* 值获得的轮廓分数（用 silhouette_score() 计算轮廓分数）：

```
> from sklearn.metrics import silhouette_score
> print(silhouette_score(X1, cls_wine.labels_))
```

```
0.509726787258
```

注意这里只用了两个特征。如果使用更多的相关特征，或者在不知道 k 值的情况下改变聚类的数目，将能够得到更好的轮廓分数值。这些可以作为练习。

5.3 总结

聚类是数据科学工作中一个非常重要的应用，可以帮助我们探索数据。在本章中，我们讨论了聚类和分类的区别。前者是一种无监督学习任务，帮助我们使用数据集建立一些有意义的分组。后者是有监督学习任务，利用数据中的类别信息，对未知的数据实例做出预测。在后面的章节中我们会讨论分类。

我们还讨论了使用 $k-$ 均值来进行数据的聚类，把数据实例分配到 k 个预定义的质心中离它们距离最近的那一个，看到了如何使用结合性、分离性和轮廓分数来验证在算法中得到的聚类效果。

请注意，我们需要一些预知信息来确定 k 值，或者通过研究来找到一个最优的 k 值。值得一提的是，典型的 k 均值算法在开始时，初始质心是随机指定的。这就意味着对相同的数据，每次运行这个算法都可能得到不同的结果。这一点很重要，因为我们获得的聚类需要接受评估，不仅仅使用结合性、分离性和轮廓分数，还要结合使用该算法时的上下文，确定是否适合在实际的商业或者研究中达到最终目的。

第 6 章
独角兽和马：分类

正如之前提及的，根据独角兽和马、鹿角兔和野兔的差异性和相似性来分辨它们的方法是很有用处的。可以基于几种挑选出的特征来创建分组，这些分组可以告诉我们各组中成员的一些特点。而且，根据创建这些分组或者聚类时的上下文，我们可以挖掘出一些研究性或商业性的知识，并给每个聚类打上标签。

一旦掌握了有标签的数据，我们可以更进一步，使用这些标签进行有监督学习任务，把标签当作目标。在本章中，我们将讨论如何使用分类算法，并对其进行评估。特别地，我们还要介绍一些重要的算法，例如 k 最近邻、逻辑回归和著名的朴素贝叶斯分类器，使用它们能够分辨独角兽和马，鹿角兔和野兔，而且还能分辨兔子和牡鹿。

6.1 分类

分类指的是依据各分组定义的特征，系统地把目标划分到合适的分组或者类别中。需要强调的是，分组是根据一些建立好的原则预先定义的。对我们来说，使用分类，就是依据一个经过训练的、有适当的标签的数据集的信息，决定一个未知的观察应该属于哪个类别，所以分类是一种有监督学习任务。

在 5.1 节中提到过一位外星朋友，它试图弄清楚遇到的地球生物都是什么。

现在我们来看另外一个例子：假设我们拿到一个巧克力盒子，里面有各种口味的巧克力，我们不知道具体有哪些口味，但知道有一些巧克力很好吃，还有一些不太好吃。我们试吃了几颗巧克力之后，发现除了有传统的果仁口味的巧克力之外，还有一些让人讨厌的口味：辣椒味和芥末味。

我们注意到这两种口味令人讨厌的巧克力的形状、气味和整体外观，并记录下来，以便随后使用。

我们甚至更进一步，根据记录的那些属性给它们取了名字。换句话说，我们使用这些巧克力的特征创建了合适的聚类，从而获得了对盒子里的东西的更多理解，并给它们打了标签。用这种方法，下次我们得到另一个这种巧克力盒子时，就知道怎样避免吃到辣椒味和芥末味的巧克力，因为我们能把这些分类到难吃的一类中，只吃其余的巧克力就行了。

在 5.1 节的讨论中，可以清楚地看到分类和聚类之间的关系。聚类的目标是根据数据集的特征来决定若干个分组，而分类使用这些有标签的分组来预测未知数据的最佳类别。在刚才讲述的例子中，那个外星人有能力判断它看到的下一个动物是猫还是兔子，它的依据是在这之前建立的预定义分组。同样地，我们也有能力避免吃到怪味巧克力，而不用再将每一种都先尝一尝了。

分类问题的一个典型例子，是决定电子信箱里一封未读的电子邮件是垃圾邮件（spam）还是正常邮件（ham）。我们知道那些垃圾邮件多烦人，都是一些与我们毫无关系的广告。人们都希望电子信箱里没有垃圾邮件，所以现在很多电子信箱客户端实现了分类器，专门预测一封邮件是不是垃圾邮件，并把分类为 spam 的邮件过滤掉。

这些分类器或许很好用，或许不怎么样。不过可以确定的是，如果分类器遇到了越来越多的标签数据的例子，它们会努力改进自己⊖。对于那些垃圾邮件，每次有一封垃圾邮件成功进入收件箱，我们就会看到一些选项，比如用记号或标签来把这个不友好的邮件标记成垃圾邮件。用这种方式，我们也在增加分类器的训练数据，这有助于它的改进。

知道这一点之后，很明显，我们需要想办法来衡量一个分类器的性能是好还是坏。

如果用随机分类的模式来完成任务，有时我们会把一些观察结果分到正确的类别里，有时则不会。我们希望分类器的分类效果能比这种随机分类模式效果好一些。另一种极端情况是，我们有一个完美的分类器，能够把所有的数据都分类到正确的组里。由于我们有一些标签数据来训练分类器，因此至少能够使用这一信息来得知该分类器的效果如何。接下来我们将讨论一些用于呈现这些信息的常见方法。

6.1.1　混淆矩阵

有一种方法能方便地评估分类器的正确率，就是使用一个表格来度量算法针对数据

⊖　在把一个分类错误的垃圾邮件打上 spam 标签，或者将一个合法邮件标记为 ham 时，就是在帮助一个垃圾邮件分类器进行改进。

的分类器性能。

Karl Pearson 称其为列联表。近年来，机器学习社区倾向于把它叫作混淆矩阵[⊖]，因为它允许我们通过将一个类的观察值分配给另一个类来确定分类器是否混淆了两个类。混淆矩阵的一个优点是可以扩展到两种以上的类别。

列联表（或者叫混淆矩阵）是这样组织的：其中的列对应某一个预测类别的实例，行对应实际的分类。也可以转置这个矩阵的行和列。为了解释混淆矩阵，我们来考虑一个二元分类系统，它是第二次世界大战时期空中侦察部队实现的一个例子。

侦察部队的任务是辨别敌机和鸟群。比如他们得到了 100 个结果，然后创建了表 6.1。侦察部队的目的是当一架敌机靠近时，准确地探测到它。

表 6.1　一个用于辨别敌机和鸟群的二元分类系统的混淆矩阵

		预测类别	
		敌机	鸟群
实际类别	敌机	20	4
	鸟群	6	70

从表 6.1 可以看出，该部队正确地预测了 20 架敌机，这些叫作真阳性[⊖]。同样地，他们正确地预测了 70 个鸟群，这些叫作真阴性。

一个假阳性表示错误地预测了一个阳性探测结果。从表 6.1 中可以看出，该部队有 6 次预测的敌机实际上是鸟群。最后，一个假阴性表示我们错误地预测了一个阴性结果。再看这个表格，我们可以看到有 4 次预测结果是鸟群，但实际上那些是敌机。总的来说，我们有 90 个正确分类和 10 个错误分类。表 6.2 中展示了在一个混淆矩阵中，真阳性、假阴性、假阳性和真阴性各自在什么位置。

表 6.2　一个演示性的混淆矩阵，指出真阳性、假阴性、假阳性和真阴性各自的位置

		预测类别	
		类别 1	类别 2
实际类别	类别 1	真阳性（TP）	假阳性（FN）
	类别 2	假阳性（FP）	真阴性（TN）

使用混淆矩阵，可以看出该部队在对敌机和鸟群进行分类时的表现如何。还有一些其他的数量有助于确定分类器的性能。其中的一些数量定义如下：

- 召回率或真阳性率（TPR）：也叫作敏感性和命中率。它等于正确分类的阳性数据点与全部阳性数据点的比例：

⊖　Pearson, K (1904). On the theory of contingency and its relation to association and normal correlation. In *Mathematical Contributions to the Theory of Evolution*. London, UK: Dulau and Co.

⊜　请注意，"阳性"这个词表示的是我们分类的那个目标类别。

$$TPR = \frac{TP}{TP+FN} \qquad (6.1)$$

真阳性率越高，错判为阴性的实例就越少。在上面的例子中，真阳性率即 TPR = 20/24 = 0.833。

- 特异性或真阴性率（TNR）：这是真阳性率的对立面，用于度量有多大比例的阴性实例得到了正确识别。其计算公式如下：

$$TNR = \frac{TN}{TN+FP} \qquad (6.2)$$

在上面的例子中，真阴性率即 TNR = 70/76 = 0.921。

- 错检率或者假阳性率（FPR）：指的是被错误地归类为阳性的阴性数据点在所有阴性数据点中的比例：

$$FPR = \frac{FP}{FP+TN} = 1-TNR \qquad (6.3)$$

换句话说，FPR 越高，表示有越多的阴性数据点分类错误。在上面的例子中，FPR = 6/76 = 1−0.921 = 0.079。

- 准确率或阳性预测值（PPV）：表示阳性预测结果中有多少是真的阳性结果。阳性预测值如下：

$$PPV = \frac{TP}{TP+FP} \qquad (6.4)$$

在上面的例子中，阳性预测值 PPV = 20/26 = 0.769。

最后，正确率（ACC）是正确分类的数据点在所有数据点中所占的比例：

$$ACC = \frac{TP+TN}{TP+FP+FN+TN} \qquad (6.5)$$

在上面的例子中，ACC = 90/100 = 0.9。

6.1.2　ROC 和 AUC

工作特征曲线（Receiver Operator Characteristic, ROC）是二元分类中使用的一种定量分析技术。它起源于二战期间，当时英国军队使用这种技术来区分敌机和噪声，使用的系统包括本土防空雷达网[1]。不同的操作人员具有不同的技能，他们会改变雷达接收器的增益水平，从而影响信噪比。所以，有时鸟群会被错误地当成敌机。每个雷达接收器操作员都有自己的工作特征，这项技术因此而得名。

正如在 6.1.1 节中介绍的，我们可以从真阳性、假阴性等数值中得到很多有用的信息。

尽管如此，有时相对于比较多个度量值，比较一个度量值还是简单得多。这就是 ROC[2]的方便之处：它使得我们能依据真阳性率和假阳性率构造一条曲线。遗憾的是 ROC 曲线只适用于二元分类问题。

在一条 ROC 曲线中，依据分类器的不同截断点或者阈值，把真阳性率绘制成假阳性率的一个函数。可以把这些阈值看作雷达工作人员使用的接收器设置。

如果分类器有能力分辨两个互相不重叠的类别，那么 ROC 曲线就会在 100% 敏感性和 0% 错检率处，也就是曲线的左上角有一个点。ROC 曲线距离这个角越近，表示分类器的正确率越高。表示这个信息的另一种方法是用 ROC 的曲线下面积，也叫作 AUC。分类器越接近完美，ROC 的曲线下面积越接近 1。从这个意义上讲，AUC 就是我们在寻找的单度量值。

另一方面，一个分类器可能是随机地对两个类别进行了分类。这个表现类似于抛硬币来决定哪个观察结果属于哪个类别。这样的分类器的 ROC 曲线表现为一个从原点到点 (1, 1) 的对角线。在这种情况下，AUC 等于 0.5。让我们来看一个示例，假设一个接收器可以有 8 种设置，分别对应无探测能力到完全探测能力。那么在表 6.3 中可以看到关于这个假想实验的数据。

表 6.3　一个假想实验中，某个用于分辨敌机和鸟群的雷达接收器的敏感性、特异性和错检率

设　置	探测到的敌机（%）	探测到的鸟群（%）	错判的鸟群（%）
	敏感性	特异性	错检率
关闭	0	100	0
S1	18	96	4
S2	34	95	5
S3	58	84	16
S4	70	78	22
S5	88	62	38
S6	97	25	75
全探测	100	0	100

[1] Galati, G. (2015). 100 *Years of Radar*. Springer International Publishing
[2] Fawcett, T. (2006). An introduction to ROC analysis. *Patt. Recog. Lett.* 27, 861–874

在图 6.1 中，可以看到表 6.3 中数据的 ROC 曲线。其中也包含了一条对角线，表示 AUC 为 0.5 的分类器，还有一条表示完美分类器的曲线，其 AUC 等于 1。

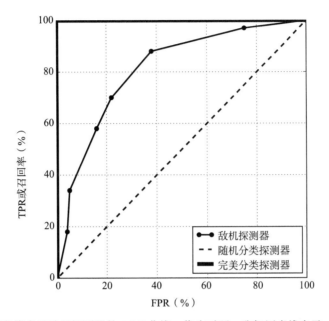

图 6.1　加粗实线表示敌机探测器的 ROC 曲线。作为对照，我们用虚线表示一个随机分类探测器，用加粗曲线表示一个完美的分类探测器

现在我们知道了一个完美分类器的 ROC 曲线是什么样子的。同样地，我们也知道了一条对角线表示的是一个随机猜想的分类器。了解这些之后，我们明白一个好的分类器应该比随机猜想好很多，换句话说，它的 ROC 曲线会在对角线的上方。另外，我们也希望一个好分类器的 ROC 曲线更接近于完美分类器的曲线。如果得到的 ROC 曲线在对角线的下方，那么分类器比随机猜想还要糟糕，可以直接弃用。在后面的章节中，将讨论一些最受欢迎的分类器算法，并讲解一些示例。

6.2　使用 KNN 算法分类

鉴于我们已经申明了分类器的目标，现在我们已经准备好讨论第一个分类器：K- 最近邻算法（KNN）[⊖]。我们要使用训练数据提供的标签来帮助我们决定一个未知的观察应该属于哪个分类。

回想一下，我们假设所有的数据点存在于一个 N 维的空间，因为我们的数据集有 N

⊖　Cover, T. M. (1969). Nearest neighbor pattern classification. *IEEE Trans. Inform. Theory IT-13*, 21–27

个特征。

在 KNN 分类器中，还用同样的方法给出了数据点之间的距离。我们在为新的观察进行分类时，考虑的是它的 k 个距离最近的标签数据点所在的类别。这就意味着我们需要一个方法来度量数据点之间的距离，而最开始时可以使用在 3.8 节中介绍过的欧几里得距离。

和聚类中 k 均值的情况一样，KNN 的值作为算法的一个输入参数。对一个新的未知观察，我们测量它到数据集中其余数据点的距离，并找出 k 个离它最近的点，然后简单地把这 k 个点中最多点所在的类别作为新的观察的类别。具体步骤如下：

1）选择一个 k 值作为输入。
2）选择到新观察结果最近的 k 个数据点。
3）选择这 k 个点中最多的点所在的类别。
4）把这个类别赋给这个新观察结果。

请注意，如果我们选择的 k 是一个偶数，执行步骤 3）时可能会遇到一些问题。比如说，如果 $k=4$，我们可能遇到的情况是其中两个点属于类别 A，而另外两个点属于类别 B。在这种情况下，我们无法决定把新的样本赋给 A 还是 B。

邻居数目是偶数时可能会产生一个决策难题，所以最好把 k 设置为一个奇数。

正如所看到的，KNN 是一个非常直接的算法，也很容易解释。不仅如此，它还可以学习类别之间的非线性边界。不过，它可能比较容易对一个数据集过度拟合，而且选择 k 的值是一个重要问题。我们还需要考虑如何选择数据集中的距离度量方法。最后，值得一提的是，KNN 具有很低的偏差和很高的可变性。这些问题都可以通过交叉验证来解决。

KNN 实例

接下来，我们要使用在 3.10 节中介绍过的鸢尾花数据集，它包含 3 个品种的鸢尾花的 150 个样本：Setosa、Virginica 和 Versicolor，还有 4 个特征：花萼长度、花萼宽度、花瓣长度、花瓣宽度。

一开始，我们要创建训练数据集和测试数据集。

请注意，我们不仅需要用到特征，还需要用到标签。把特征加载到目标 X 中，把标签加载到目标 Y 中：

```
X = iris.data
Y = iris.target
```

train_test_split 方法可以帮助我们创建测试数据集和训练数据集。在本示例中，我们拿出 70% 的数据进行训练，30% 的数据进行测试。首先要加载鸢尾花数据集本身：

```
import sklearn.model_selection as ms

XTrain, XTest, YTrain, YTest =\
ms.train_test_split(X, Y,\
test_size= 0.3, random_state=7)
```

其中，用 train_test_split 方法来构建训练和测试数据集时，参数 random_state 用来初始化伪随机数产生器，用于采样。

为了解决示例中的问题，需要找到 k 的近似值，而且实际上使用不同的模型会得到不同的 k 值[⊖]。使用 GridSearchCV 方法可以完成这个搜索工作，正如在 4.9 节中搜索超参数 λ 时一样。

现在加载相关的库：

```
from sklearn import neighbors

from sklearn.model_selection import GridSearchCV
```

搜索 1 ～ 20 之间的奇数，并用交叉验证来确定最佳的 k 值：

```
k_neighbours = list(range(1,21,2))

n_grid = [{'n_neighbors': k_neighbours}]
```

在模块 neighbors 的 KNeighborsClassifier() 函数中使用以上变量：

```
model = neighbors.KNeighborsClassifier()

cv_knn = GridSearchCV(estimator=model,\
```

⊖ 邻居数量 k 的取值是一个参数，但我们需要先确定这个参数。

```
param_grid=n_grid,\
cv=ms.KFold(n_splits=10))

cv_knn.fit(XTrain, YTrain)
```

搜索的结果如下所示：

```
> best_k = cv_knn.best_params_['n_neighbors']
> print(''The best parameter is k={0}''.\
format(best_k))

The best parameter is k=11
```

在本示例中可以看到，最佳的邻居数量是 11，在图 6.2 中展示了不同 k 值的热图，以及它们的相应分数[⊖]。

最后，来看一看当邻居数量 k=11 时，我们的模型在测试数据集上的表现如何。在本示例中，仅使用了数据集中的两个特征——花萼宽度和花瓣长度来进行可视化绘图。

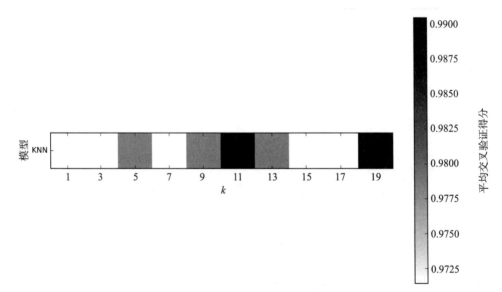

图 6.2   KNN 分类器使用不同的 k 值对鸢尾花数据集进行分类的不同正确率分数

可以看到 11 个邻居是找到的最好的参数。

⊖   模型估算出的这个分数是分类器的正确率。

```
knnclf = neighbors.KNeighborsClassifier\
(n_neighbors=best_k)
```

```
knnclf.fit(XTrain[:, 2:4], YTrain)
```

使用 python KNN 库的 predict 方法，可以得到模型预测值：

```
y_pred = knnclf.predict(XTest[:, 2:4])
```

在图 6.3 中展示了一个等高线图，表示基于花萼宽度和花瓣长度的使用 KNN 算法获得的 3 种鸢尾花类别。

数据点对应的是测试数据集中的每一朵花，根据其分类赋予不同的颜色。可以看到一些花被分到了错误类别的示例。

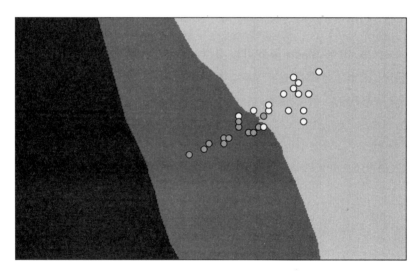

图 6.3 *k*=11 时，基于花萼宽度和花瓣长度对鸢尾花数据集进行 KNN 分类。阴影区域表示的是算法获得的分类映射。可以看到在图像的右上角有一些错误分类

让我们使用 metric 模块里的 confusion_matrix 函数来构建混淆矩阵：

```
> from sklearn.metrics import confusion_matrix
```

```
> confusion_matrix(YTest,y_pred)
```

```
array([[12,  0,  0],
```

```
        [ 0, 14,  2],
        [ 0,  2, 15]])
```

可以看到类别 2 和 3 中有 4 个实例被错误分类（每个类别中有两个）。可以得到如下所示的分类报告：

```
> from sklearn.metrics \
  import classification_report
> print(classification_report(YTest, y_pred))
    precision    recall  f1-score   support
0     1.00        1.00     1.00       12
1     0.88        0.88     0.88       16
2     0.88        0.88     0.88       17

avg / total   0.91      0.91     0.91       45
```

其中，classification_report 函数可以提供关于训练出的分类模型的精确率、召回率等信息。该报告给出了分类器的准确率、召回率等信息以及 F_1 分数，它提供的是基于准确率和召回率计算出的正确率度量：

$$F_1 = 2 \frac{准确率 \times 召回率}{准确率 + 召回率} \qquad (6.6)$$

且取值范围在 1（最佳）～ 0（最差）之间。

6.3　逻辑回归分类器

由于在第 4 章讨论过回归，我们对它应该已经很熟悉了。回归是一种有监督机器学习任务，它使我们可以获得连续变量的预测值。与此不同，逻辑回归则应用于离散输出的预测，所以最适合应用于分类。逻辑回归实际上是另一种广义的线性模型，使用和线性回归同样的基本背景。

不过，该模型回归的不是连续依赖变量，而是一个（二进制）分类输出的概率。我们可以使用这些概率获得类别标签，给数据观察打上标签。

让我们回想一下，一个线性回归模型是一个输出变量 *Y* 的条件均值，给定了协变量

X 的值，记为 $E(Y|X)$，用如下公式表示：

$$E(Y|X)=\beta X^{\ominus} \qquad (6.7)$$

此处，我们假设这个条件均值是一个线性函数，自变量的值在 $-\infty \sim \infty$ 之间。

在逻辑回归中，我们感兴趣的是计算一个观察属于（或不属于）某一个类别的概率，所以输出变量的条件均值必须落在 [0, 1] 区间中。我们需要扩展线性回归模型，把输出映射到这个单元范围内。可以使用 sigmoid 函数来实现这个映射，该函数的定义如下：

$$g(z)=\frac{e^z}{1+e^z} \qquad (6.8)$$

图 6.4 中展示了这个函数的图形，可以看出该函数的区域是 $(-\infty, \infty)$，而取值范围是 [0, 1]，正符合前面所阐述的要求。这个函数也叫作逻辑函数（sigmoid）。

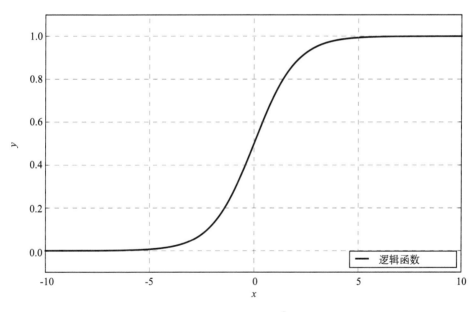

图 6.4　逻辑函数 $g(z)=\frac{e^z}{1+e^z}$ 的图形

所以，可以得到如下变换过的回归模型（单变量的情况）：

$\ominus$　对于单变量的情况，有 $\beta x=\beta_0+\beta_1 x$。

$$E(Y|X)=P(X)=\frac{\exp(\boldsymbol{\beta x})}{1+\exp(\boldsymbol{\beta x})} \tag{6.9}$$

值得一提的是一个与逻辑函数相关的重要变换，叫作 logit 函数或者 log-odds 函数。给定概率 $p\in[0,1]$，其 logit 函数为：

$$\text{logit}(p)=\ln\left(\frac{p}{1-p}\right) \tag{6.10}$$

对于式（6.10）有这样的解释：如果 p 表示事件发生的概率，则该概率的 logit 函数就是事件发生概率与事件不发生概率之比的自然对数，使得计算 logit 函数值转换为计算两个概率比值的对数，这样就能够用简单的加法和减法来表达了。

从而我们发现，可以在式（6.9）中使用 logit 函数，将其恢复成线性模型：

$$\begin{aligned}
\ln\left(\frac{P(\boldsymbol{X})}{1-P(\boldsymbol{X})}\right) &= \ln P(\boldsymbol{X})-\ln\left(1-P(\boldsymbol{X})\right) \\
&= \ln\left(\frac{e^{\beta x}}{1+e^{\beta x}}\right)-\ln\left(1-\frac{e^{\beta x}}{1+e^{\beta x}}\right) \\
&= \ln\left(e^{\beta x}\right)-\ln\left(1+e^{\beta x}\right)+\ln\left(1+e^{\beta x}\right) \\
&= \boldsymbol{\beta x}
\end{aligned} \tag{6.11}$$

所以，logit 函数是一个很有用的工具，可以解释逻辑回归算法得到的结果。

线性回归和逻辑回归之间还有一个重要的差别，就是误差项。对于线性回归，误差项符合一个独立的正态分布（也称高斯分布），均值为零，方差为常数。

然而，对于逻辑回归，输出变量只能取两个值：0 和 1。这就表示它不符合正态分布，而是符合伯努利分布。伯努利分布相当于一个随机变量，其取值为 1 的概率等于 p，取值为 0 的概率 $q=1-p$，这相当于抛硬币实验。

式（6.9）表示的逻辑回归模型可以提供一个观察结果是否属于一个二元类别的概率。我们还需要一个阈值，才能进行分类，如下是一个典型的示例：

$$y_i=\begin{cases}1, & P(\boldsymbol{X})\geqslant 0.5 \\ 0, & \text{其他}\end{cases} \tag{6.12}$$

由于逻辑回归模型是广义的线性回归模型，其输出为（0, 1），所以可以用普通最小二乘法[一]来实现解决方案，并且仍然可以用 R^2 来度量。如果输出是严格的 0 或者 1，那么还需要其他的方法，例如最大似然估计。

令 x 作为一个训练数据集，令 y 表示该数据集的标签。我们需要的是最大化这些数据的似然估计，从而可以用以下公式逻辑回归的目标函数来表示 i 个样本的系数：

$$\boldsymbol{\beta} \leftarrow \max_{\boldsymbol{\beta}} \sum_i \ln P(\boldsymbol{X}_i, \boldsymbol{\beta}) \qquad (6.13)$$

还可以把逻辑回归模型进行正则化，从而用以下公式（正则化逻辑回归的目标函数）表达优化的问题：

$$\boldsymbol{\beta} \leftarrow \max_{\boldsymbol{\beta}} \sum_i \ln P(\boldsymbol{X}_i, \boldsymbol{\beta}) - \lambda \|\boldsymbol{\beta}\| n \qquad (6.14)$$

此处 $\|\cdot\|_n$ 表示 $L-n$ 范数。用这种方法可以达到对较高的系数进行惩罚的目的，正如在 4.9 节中介绍过的对线性回归的做法。

6.3.1　逻辑回归的解释

如前所述，对逻辑回归的结果的解释更容易理解，尤其是其可能性（odds）和优势比（OR）。我们知道，一个事件发生的概率为 p 时，其可能性用如下公式计算：

$$\text{odds} = \frac{p}{1-p} \qquad (6.15)$$

实际上，就是该事件会发生的概率（p），比上该事件不会发生的概率（$1-p$）。

在单变量的情况下，式（6.11）的变形如下：

$$\frac{P(\boldsymbol{x})}{1-P(\boldsymbol{x})} = \exp(\beta_0 + \beta_1 x) \qquad (6.16)$$

请记住，在线性回归中，我们把参数 β_1 解释为当协变量 x 变化一个单位值时目标变量的变化量。现在看看如何在逻辑回归中用类似方法来解释系数。

考虑单变量的情况，变量 x 变化了一个单位制。则其可能性计算为：

$$\text{odds}(x+1) = \exp(\beta_0 + \beta_1(x+1)) \qquad (6.17)$$

⊖　更多信息请参考第 4 章。

现在计算式（6.16）和式（6.17）的优势比：

$$OR = \frac{\exp(\beta_0 + \beta_1 x)}{\exp(\beta_0 + \beta_1(x+1))} = e^{\beta_1} \qquad (6.18)$$

如果计算优势比的对数，则可以得到它等于系数 β_1：

$$\ln(OR) = \beta_1 \qquad (6.19)$$

这就表示从逻辑回归中得到的系数可以解释为协变量每变化一个单位值时，logit 函数变化的量。换句话说，一个二元事件的优势比，表示当事件发生时输出的最大似然估计的增量。类似地，假设其他特征均保持不变，那么逻辑回归中的优势比表示赔率如何随着给定特征的单位增加而变化。

举例来说，假设使用特征 x_1 和 x_2 来计算逻辑回归模型，且该模型可以表达为 $10.014\,5 + 0.25x_1 + 0.04x_2$，则 x_1 的单位增量的优势的效果可以表示为 $\exp(0.25) = 1.284$，这表示优势增加了大约 28%，不受 x_2 的值的影响。

在介绍逻辑回归的应用示例之前，我们先做一个重要的申明——关于在问题中的类别数量，之前我们讨论的问题都有两个类别（A 和 B，1 和 0，等等）。

逻辑回归也可以应用于多个类别的设定，典型的策略是所谓的"一个对其他所有"的策略。在这种情况下，建模过程是为一个类别创建一个分类器，这样，对每一个分类器，建模针对的是一个类别相对于其余的所有类别。换句话说，如果有 3 个类别：0、1 和 2，则需要创建 3 个分类器：

1）分类器 1 把类别 0 作为一类，把类别 1 与 2 看作另一类。
2）分类器 2 把类别 1 作为一类，把类别 0 与 2⊖看作另一类。
3）分类器 3 把类别 2 作为一类，把类别 0 与 1 看作另一类。

6.3.2 逻辑回归的应用

此处我们将使用一个乳腺癌数据集，它包含了威斯康星大学医学院的 W H Wolberg 和 O L Mangasarian⊖进行的一个研究的数据。该数据集可以在 UCI 机器学习知识库的

⊖ 此处原文 class 1 versus 0 and 1，系笔误。——译者注
⊖ Mangasarian, O. L. and W. H. Wolberg (1990, Sep.). Cancer diagnosis via linear programming. *SIAM News* 25(5), 1 & 18

"乳腺癌威斯康星（原始）数据集"目录下面获得，也可以通过以下链接下载：https://archive.ics.uci.edu/ml/datasets/Breast+Cancer+Wisconsin+（Original）⊖。

我们需要把乳腺肿瘤分类成良性的和恶性的两类。该数据集中有 699 个实例，每个实例有一个 ID 和 10 个特征：

1）样本编码数字（ID 数字）

2）肿块厚度（1～10）

3）细胞大小的均匀性（1～10）

4）细胞形状的均匀性（1～10）

5）边缘粘连（1～10）

6）单上皮细胞大小（1～10）

7）裸核（1～10）

8）染色质（1～10）

9）正常核（1～10）

10）有丝分裂（1～10）

11）类别（2 表示良性，4 表示恶性）

假设该数据已经做过预处理，放到一个 CSV 文件里，而且每一列都按照上面描述的进行了命名。我们可以直接把它加载到 Python 中，代码如下：

```
bc = pd.read_csv(u'./breast-cancer-wisconsin.csv')
bc = bc.dropna()
```

我们已经用 dropna 方法剔除了信息不全的实例，还剩下 683 个实例；使用 describe 方法可以查看这些实例的分布：

```
> bc['Class'] = bc['Class'].astype('category')
> bc['Class'].describe()

count     683
unique      2
top         2
```

⊖　Lichman, M. (2013b). UCI Machine Learning Repository, Wisconsin Breast Cancer Database. https://archive. ics.uci.edu/ml/datasets/Breast+Cancer+Wisconsin+(Original). University of California, Irvine, School of Information and Computer Sciences

```
freq        444
Name: Class, dtype: int64
```

由此可见，出现最多的类别是"2"（良性），一共有 444 个实例。我们要进行数据的切割，把 Class 这个标签和数据集中其他的特征分离开。

```
X = bc.drop(['Class'], axis=1)
X = X.values
Y_raw = bc['Class'].values
```

如果不使用数据集中原有的类别标签，而是使用"0"和"1"作为标签，工作起来会更方便。可以用 LabelEncoder 方法轻松地实现这一点：

```
from sklearn import preprocessing
label_enc = preprocessing.LabelEncoder()
label_enc.fit(Y_raw)
Y = label_enc.transform(Y_raw)
```

可以使用 label_enc.classes_ 来查看得到的类别，更重要的是可以通过 label_enc.inverse_transform() 来把标签编码进行逆向还原。

和以前一样，我们需要把数据划分成训练数据和验证数据：

```
import sklearn.model_selection as cv

XTrain, XTest, YTrain, YTest =\
ms.train_test_split(X, Y,\
test_size=0.3, random_state=1)
```

Scikit-learn 软件使用 linear_model 模块实现逻辑回归，并命名为 LogisticRegression。

我们要对这个模型进行正则化，选择的惩罚级别是 L1 或者 L2。在这里有一个超参数 C，表示正则化系数的倒数。这就表示 C 值越小，惩罚强度越大。我们还要使用 GridSearchCV 来计算这两种参数的最优值：

```
from sklearn.linear_model \
import LogisticRegression
```

```
pen_val = ['l1','l2']
C_val = 2. ** np.arange(-5, 10, step=2)
grid_s = [{'C': C_val, 'penalty': pen_val}]
model = LogisticRegression()

from sklearn.model_selection\
import GridSearchCV

cv_logr = GridSearchCV(estimator=model,\
param_grid=grid_s,\
cv=ms.KFold(n_splits=10))
```

然后用以下代码来完成拟合：

```
cv_logr.fit(XTrain, YTrain)
best_c = cv_logr.best_params_['C']
best_penalty = cv_logr.best_params_['penalty']
```

在本示例中，所使用的网格搜索进行了 10 层，搜索如前所述的超参数和惩罚级别 L1、L2，返回如下所示的参数：

```
> print(''The best parameters are:\
cost={0} and penalty={1}''.\
format(best_c, best_penalty))

The best parameters are: cost=0.5 and penalty=l1
```

如图 6.5 所示是进行参数搜索时得到的热图。现在就可以使用得到的参数来创建分类器并进行训练，以便于对未知数据进行预测。我们只需要创建一个逻辑回归模型实例，把获得的参数代入即可：

```
b_clf = LogisticRegression(C=best_c,\
penalty=best_penalty)

b_clf.fit(XTrain, YTrain)
```

现在，可以用这个分类器和 predict 方法来预测测试数据集中的类别。我们用 predict_proba 方法来获得赋给每一个实例的概率：

```
predict = b_clf.predict(XTest)
```

```
y_proba = b_clf.predict_proba(XTest)
```

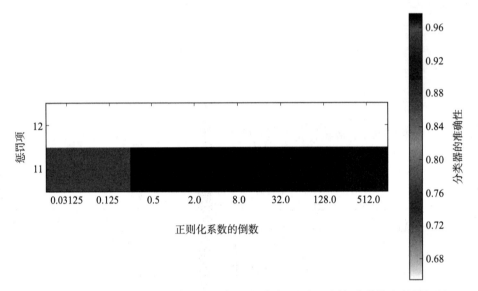

图 6.5　使用威斯康星乳腺癌数据集进行逻辑回归分类，根据不同超参数值和惩罚级别
　　　　L1、L2 计算的交叉验证平均分数的热图

请注意，y_proba 是一个向量，它有两列，每一列表示的是该实例属于每一个类别的概率。

我们来看一下分类器的正确率分数（可以用 score 方法查看模型的正确率）：

```
> print(b_clf.score(XTest, YTest))
```

```
0.960975609756
```

用 .coef_ 方法获得模型的所有系数：

```
> print(b_clf.coef_)
```

```
[[ -2.76001862e-06   3.34121074e-01
```

3.64527317e-01　　3.44557750e-01

2.99474883e-02　-1.24661155e-01

3.49887361e-01　　1.30369406e-01

2.94834342e-01　　1.56018289e-01]]

请注意，获得优势比的方法是计算所有系数的指数。它表示的是当变量增加或者减少一个单位时，会对该实例是一个恶性肿块的可能性产生多大影响。

```
> print(np.exp(b_clf.coef_))
```

[[0.99999724　1.39671224

　　1.43983326　1.41136561

　　1.03040042　0.88279598

　　1.41890772　1.13924915

　　1.34290388　1.16884758]]

例如，有可能"细胞形状的均匀性"的度量增加了一个单位，导致一个实例是恶性肿块的可能性增加了43%。

最后，我们看一下该模型的 ROC 和 AUC 度量。对于 ROC，可以使用 roc_curve 方法，输入是实例的真实标签，得到的目标分数是阳性类别的概率估计值或者置信值。我们使用前面计算得到的 y_proba 估计值：

```
from sklearn.metrics import roc_curve, auc

fpr, tpr, threshold=roc_curve(YTest, y_proba[:,1])

plt.plot(fpr, tpr)
```

而 AUC 可以使用前面得到的真阳性和假阳性的比值计算出来：

```
> print(auc(fpr, tpr))
```

0.992167919799

在图 6.6 中展示了一个 ROC 曲线，此 ROC 曲线是在该数据集上进行交叉验证得到的，为了简化计算，仅使用了 3 层。我们还展示了通过交叉验证计算的 ROC 平均值，并和表示随机分类器的对角线进行了比较。

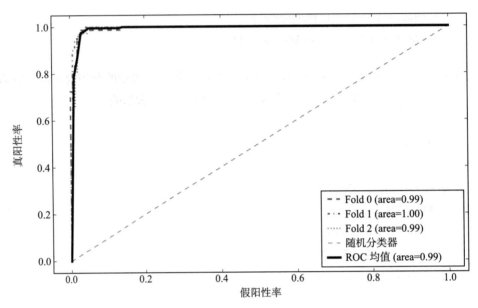

图 6.6   威斯康星乳腺癌数据集的 ROC 曲线，通过 $k=3$ 的交叉验证获得

6.4   使用朴素贝叶斯算法进行分类

在日常生活中，很多地方都会用到概率：从天气预报到体育赛事，从金融学到科技学。两位法国数学家 Pierre de Fermat 和 Blaise Pascal 曾经在一起研究机会游戏的问题，我们到现在还在使用他们的理论[⊖]。在 17 世纪初期，人们曾经认为不可能计算出（或预测出）掷一个色子的结果，现在我们知道实际上这是可以计算的。

在前面的章节中，我们使用逻辑回归来估算一个数据实例属于某个特定类别的概率，基于这个结果，预测应该给这个数据实例打上什么标签。我们回顾一下概率表示的意义，即一个在 0 ~ 1 之间的数字，表示事件 A 发生的可能性大小用 $P(A)$ 表示。

传统意义上的概率是基于频率论的观念，条件是从一个可重复的随机采样过程中获得数据，而在这个可重复过程中的相关参数都是常数。基于这些假设，我们可以计算出一个事件发生的频率。与之相对的是，贝叶斯的观念假设数据实例是从现实的采样过程得到的，而参数是不确定的。由于数据采样不是可重复的，因此贝叶斯概率并不表示频率，而是表示一种知识的状态，或者一种"信心"的状态。

⊖   Devlin, K.（2010）. *The Unfinished Game: Pascal, Fermat, and the Seventeenth-Century Letter That Made the World Modern*. Basic ideas. Basic Books

贝叶斯方法的命名源于一位 18 世纪的英格兰科学家 Thomas Bayes，他发明了一种也是用他名字命名的定理：贝叶斯定理。在他去世后，他的朋友 Richard Price 向英国皇家学会呈上了一本著作[⊖]，奠定了贝叶斯在科学界的闪耀地位。

贝叶斯定理阐述了一个特定假设的概率，假设包括了当前信息（数据）和先验信息。先验信息可能是早些时候通过实验得到的结果，或者从经验中总结出来的有根据的推测。基于这个原因，在很长一段时间，贝叶斯方法都受到概率论学者的刻意回避。无论如何，贝叶斯统计经受住了时间的考验[⊖]，在很多应用中起到了重要作用。我们假设有一个集合 Ω，包括所有可能发生的事件，这是我们的样本空间。事件 A 是这个样本空间里的一个成员，与其他的所有成员一样。该样本空间的概率 $P(\Omega)=1$，则事件 A 发生的概率 $P(A)$ 表示为：

$$P(A) = \frac{|A|}{|\Omega|} \tag{6.20}$$

此处 $|A|$ 表示 A 的基数。图 6.7a 中给出了这种情况的文氏图。如果 $|A|$ 等于 Ω 的基数，那么发生事件 A 的概率最多等于 1。

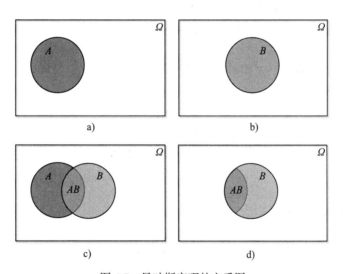

图 6.7　贝叶斯定理的文氏图

⊖　Bayes, T. (1763). An essay towards solving a problem in the doctrine of chances. *Philosophical Transactions 53*, 370–418

⊖　McGrayne, S. (2011). *The Theory that Would Not Die: How Bayes' Rule Cracked the Enigma Code, Hunted Down Russian Submarines, & Emerged Triumphant from Two Centuries of Controversy*. Yale University Press

对另一个事件 B，情况也类似（见图 6.7b），其概率 $P(B)$ 表示为：

$$P(B) = \frac{|B|}{|\Omega|} \tag{6.21}$$

回想一下我们在上一节中分析过的乳腺癌数据集，假设 A 表示患有乳腺癌的女性的集合，B 表示乳腺癌测试结果为阳性的女性的集合。在这两个集合中的女性都想知道她们的测试结果是否为阳性，以及她们是否确实患了乳腺癌。这就是 A 和 B 的交集，表示为 $A \cap B$ 或者简写为 AB。这就是图 6.7 c 表示的情况。那么我们怎么计算出这个部分呢？实际上，以前我们用过这个方法：

$$P(AB) = \frac{|AB|}{|\Omega|} \tag{6.22}$$

请注意，上面的计算不包括以下两种事件：1）患有乳腺癌且检测结果为阴性的女性，表示为 $(A - AB)$；2）检测结果为阳性却没有患乳腺癌的女性，表示为 $(B - AB)$。

总而言之，在这个示例中，真正重要的问题是，随机选择一个检测结果为阳性的女性，她患有乳腺癌的概率是多大？根据我们的文氏图（参见图 6.7 d）），这个问题等价于对于区域 B 中的数据，其有多大的概率处于区域 AB 中？

我们用 $P(A|B)$ 来表示 A 相对于 B 的条件概率，并用以下公式计算：

$$P(A|B) = \frac{|AB|}{|B|} = \frac{\dfrac{|AB|}{|\Omega|}}{\dfrac{|B|}{|\Omega|}} = \frac{P(AB)}{P(B)} \tag{6.23}$$

同样地，也可以计算 $P(B|A)$：

$$P(B|A) = \frac{P(BA)}{P(A)} \tag{6.24}$$

对于我们的示例，要计算的是在随机选择的女性已经患有乳腺癌的情况下，测试结果为阳性的概率。另外，如果事件 A 和 B 彼此独立，一个事件的信息不会影响另一个事件的信息，那么就有 $P(A|B) = P(A)$，这表示 $P(AB) = P(A) P(B)$。

式（6.23）和式（6.24）的分子实际上是一样的。这就表示还可以写成以下形式：

$$P(A|B) P(B) = P(B|A) P(A)$$

做一下变形就是：

$$P(A|B) = \frac{P(B|A)P(A)}{P(B)} \tag{6.25}$$

这个结果就是著名的贝叶斯定理。我们把 $P(A|B)$ 叫作后验概率，把 $P(A)$ 叫作先验概率，$P(B|A)$ 叫作似然性。贝叶斯定理可以看作一个规则，使用这个规则，可以根据新出现的证据 B 来计算事件 A 出现的"概率"，以及后验概率 $P(A|B)$，后者的计算方法是把先验概率 $P(A)$ 和似然性 $P(B|A)$ 相乘——$P(B|A)$ 表示在 A 发生的情况下 B 发生的概率。这个规则在很多应用中都取得了成功，我觉得最棒的一个例子是 Pierre Simon Laplace 计算土星的质量[⊖]。

使用贝叶斯统计法，我们的工作步骤大致如下：

1）首先建立一个概率模型，用于计算某个未知参数，而且把所有与该参数有关的、可用的先验信息都考虑进来。

2）使用观察数据中获得的与该参数有关的条件概率，更新关于该参数的信息。

3）评估该模型对于观察数据的拟合程度，基于我们的假设，检验得到的结论。

4）然后，我们可能需要使用获得的新信息作为起点，把以上步骤重新做一遍。

在第一步中使用的先验信息，反映了对建模目标的最佳近似。这一信息可能来自专家、研究机构、先验的研究、其他的数据源，等等。过去，贝叶斯分析师需要做大量的手动计算。现在，计算机可以很大程度上减轻人力计算的负担。

6.4.1　朴素贝叶斯分类器

现在我们看看如何把贝叶斯定理应用到一个分类任务中去。一个典型的例子，也是我们很熟悉的例子，就是判断到达我们电子信箱的一封邮件到底是正常邮件（ham）还是垃圾邮件（spam）。我们假设有一个邮件数据的语料库[⊖]，可以把它解构，然后得到一个数据集，包括的特征有 $\{x_i\} = x_1, x_2, \ldots, x_n$，这些特征用来判断一个新邮件是不是应该分类到类别 S，也就是 spam 邮件中去。

⊖　Laplace, P. and A. Dale（2012）. *Pierre-Simon Laplace Philosophical Essay on Probabilities: Translated from the fifth French edition of 1825 With Notes by the Translator*. Sources in the History of Mathematics and Physical Sciences. Springer New York
⊖　一个文本文件的集合叫作语料库。

通过观察特征 $\{x_i\}$，我们可以使用贝叶斯定理计算出新邮件属于类别 S 的条件概率：

$$P\big(S\big|\{x_i\}\big) = \frac{P\big(\{x_i\}\big|S\big)P(S)}{P\big(\{x_i\}\big)} \qquad (6.26)$$

似然性 $P(\{x_i\}|S)P(S)$ 的值可以直接从训练数据中获得：我们知道有些邮件已经正确地标记为 spam 邮件了，从而可以通过观察数据库中那些 spam 邮件的特征 $\{x_i\}$ 来获得概率。同样地，先验概率 $P(S)$ 也可以通过包含了 spam 和 ham 邮件的训练数据集计算出来。

最后，$P(\{x_i\})$ 是一个常量，不依赖于类别 S，在计算的最后可以把它考虑进来。整体上来说，最难计算的部分就是估算似然函数 $P(x_1, x_2,..., x_n|S)$。为了得到这个值，我们需要做大量的计算，从而覆盖特征向量 $\{x_i\}$ 的所有可能的组合，才能得到一个较好的估计值。虽然这也是可以做到的，但我们要考虑到，模型是对真实情况的合理近似。所以，我们可以做一些假设来简化这个计算过程。

假设特征 $\{x_i\}$ 是彼此之间互相独立的。如果这个假设成立，则可以重新写一个似然函数，如下所示：

$$P\big(x_1, x_2,..., x_n|S\big) \simeq P\big(x_1|S\big) \cdot P\big(x_2|S\big) \cdot ... \cdot P\big(x_n|S\big) \qquad (6.27)$$

这个朴素的假设使得计算大大简化了，这就是我们这个分类算法的名字的由来。

6.4.2　朴素贝叶斯分类的应用

我们选择的朴素贝叶斯分类器的示例是一个基于文本的分类。这次不是 spam 检测器，而是要处理我自己的 Twitter 账号 @quantum_tunnel 和 @dt_science 上的数据流。我们的任务是判断一条推文是不是关于"数据科学"的。该数据⊖可以在链接 https://dx.doi.org/10 中下载。

这个任务中使用的语料库已经拆分成了训练数据集和测试数据集。训练数据集中包括 324 条打了标签的推文，都是关于"数据科学"的，保存在一个名为 Train_QuantumTunnel_Tweets.csv 的文件里，一共有 3 个列："数据科学"标签、推文发布日期和推文的文本内容。测试数据集没有打标签，共有 163 条推文。我们现在把训练数据集加载到一个 Pandas 数据帧中：

⊖　Rogel-Salazar, J.（2016a, Jan）. Data Science Tweets.6084/m9.figshare.2062551.v1. 10.6084/m9.figshare.2062551.v1

```
import pandas as pd

train = pd.\
read_csv('Train_QuantumTunnel_Tweets.csv',\
encoding='utf-8')
```

在 Python 3 里面，查看文本文件的编码方式是很重要的。在本示例中，采用 UTF-8。

可以通过对数据帧进行切片来查看数据构成：

```
print(train[62:64])
```

编号为 62 和 63 的推文实际内容如下：

Tweet 62: And that is Chapter 3 of " Data Science and Analytics with Python " done... and moving on to the rest! Super chuffed! #BookWriting '

Tweet 63: See sklearn trees with #D3https://t.co/UYsi0Xbcbu

我们想要对推文的文本内容做一下预处理，剔除掉 URL 链接和井字符（#）。下面写一个函数来实现这一目的（我们要用到正则表达式包 re）：

```
import re
def tw_preprocess(tw):
    ptw = re.sub(r''http\S+'', '''', tw)
    ptw = re.sub(r''#'', '''', ptw)
    return ptw
```

现在可以对 Pandas 数据帧中相关的列来运行这个函数（用 apply 方法，我们可以对 Pandas 数据帧中的语料库进行预处理）：

```
train['Tweet'] = train['Tweet'].\
apply(tw_preprocess)
```

我们的目的是根据每一篇推文中的文字来识别它的性质，所以这些文字就是特征。为了达到这个目的，需要将所有推文标签化，产生一个术语——文档矩阵。换句话说，这个矩阵的每一行表示一个文档（也就是一篇推文），每一列表示一个术语（词汇）。我们可以使用 Scikit-learn 软件中的 CountVectorizer 来实现：

```
from sklearn.feature_extraction.text \
import CountVectorizer

vectoriser = CountVectorizer(lowercase=True,\
stop_words='english',\
binary=True)
```

现在我们可以把这个矢量化器应用到训练用的推文上，如下所示：

```
X_train = vectoriser.\
fit_transform(train['Tweet'])
```

结果会得到一个很大的解析矩阵，所以不要把它打印出来。尽管如此，我们还是可以用 fit_transform 看到从训练数据集产生的词汇表。可以用 get_feature_names 来实现：

```
> vectoriser.get_feature_names()[1005:1011]

['putting', 'python',
'quantitative', 'quantum',
'quantum_tunnel', 'question']
```

现在我们已经准备好创建模型了——使用矢量化器产生的解析矩阵和训练数据集提供的标签：

```
from sklearn import naive_bayes

model = naive_bayes.MultinomialNB().\
fit(X_train, list(train['Data_Science']))
```

目前为止，我们还没使用交叉验证，下面我们肯定还是要看一下使用交叉验证得到的分数，代码如下：

```
> import sklearn.model_selection as ms
> ms.cross_val_score(naive_bayes.\
MultinomialNB(), X_train, train['Data_Science'],\
cv=3)
```

```
array([ 0.74311927,  0.77777778,  0.72897196])
```

我们可以看看刚从训练数据得到的模型的混淆矩阵是什么样的（6.1.1 节中讨论过混淆矩阵）：

```
> from sklearn.metrics import confusion_matrix
> confusion_matrix(train['Data_Science'],\
model.predict(X_train))

array([[195,   1],
       [  0, 128]])
```

最后，可以把模型应用到验证数据集上。先加载数据，并和训练数据一样进行一些预处理过程：

```
test = pd.\
read_csv('Test_QuantumTunnel_Tweets.csv',\
encoding='utf-8')
test['Tweet'] = test['Tweet'].\
apply(tw_preprocess)
```

现在必须通过 transform 方法把矢量化器应用到验证数据集，然后在该模型上使用 predict 方法：

```
X_test = vectoriser.transform(test['Tweet'])
pred = model.predict(X_test)
```

可以看到，预测出的每一个推文的概率如下（使用 predict_proba 方法可以看到测试推文的预测概率）：

```
print(pred)
pred_probs = model.predict_proba(X_test)[:,1]
```

作为示例，我们来看看得到 id 为 103 的推文的概率（Python 的计数是从 0 开始的）。

```
> pred_probs[102]
```

```
0.99961933738874065
```

这篇推文的内容如下：

Finished writing Chapter 4 for my DataScience and analytics with Python book. Moving on to discussing some classification analysis.

其余的数据也可以用同样方法来查看。

请注意，在这个演示中使用的语料库非常小，但是仍然可以看到贝叶斯定理有多么强大，即使是在本章开头我们描述如何进行朴素假设的时候。更何况，在这个示例中，我们在进行数据清理时并没有特别仔细，例如，我们没有剔除数字和标点符号，也没有对文本进行任何词干提取。

你可以尝试对文本进行更复杂精细的预处理，比如删除数字、标点符号，等等。

6.5　总结

数据科学家成功经验中的另一个重要的工具就是分类。分类和聚类这两种技术都可以用来理解我们的数据，获得有用信息，从而能够用来进行一些可操作的预测。我们了解了分类是一种有监督的学习任务，需要用到数据中已经包含的类别信息，然后对未知的数据实例进行预测。

我们介绍了3种著名的技术，分别是KNN、逻辑回归和朴素贝叶斯。在KNN算法中使用的是已知数据实例的相似性，以及它和哪些数据点距离最近。逻辑回归是第4章介绍的线性回归模型的扩展，使用sigmoid函数来估计一个数据实例属于某个类别的概率。最后，朴素贝叶斯算法使用贝叶斯定理来更新一个数据属于某个类别的后验概率，条件是在数据中已经观察到一些特征。

最后，我们介绍了如何使用交叉验证、真假阳性和阴性，以及召回率、错检率等度量，用于评估分类器工作的质量。同样地，还可以使用工作特征曲线和曲线下面积评估分类器。我们介绍了以上算法在不同问题上的应用，包括癌症和推特数据，以及葡萄酒和鸢尾花数据集。

第 7 章

决策：分层聚类、决策树和集成技术

在科学和商业领域中使用图表并非新鲜事。图片和表格、文字一起，对那些需要用于交流的概念和数据提供了很有用的呈现方式。使用这些手段，我们组织知识和信息就更加方便。有一种在多种文化和学科中广泛使用了几个世纪的资源，就是树形图⊖。它的好处显而易见：树形图可以用分层的方式展示信息，很容易理解。

在这一章中我们要阐述几种技术，它们或多或少都受到了树形图的隐喻表征的启发：从树根到树枝再到叶子。首先要讲的是一种聚类算法，它用分层的方式组织数据的分组。然后我们要讲一下决策树，它在决策分析应用和操作研究中有广泛的使用。在本章的最后将把树和集成技术结合起来，引入随机森林的概念。

7.1 分层聚类

层级这个词表达的思想是在一个系统中，信息根据一种相对的状态做了排列，从而划分出不同的级别。分层聚类是一种无监督的学习任务，它的目的是建立一些分层的分组。层级是可以"自底向上"构建的。这样就可以让每个数据实例在最开始时将自己作为一个聚类，然后依次合并这些聚类，同时一层一层地建起层级。这叫作凝聚聚类算法。与之相对的是分裂聚类算法，它的构建方向是相反的，从所有数据实例开始，依次进行分裂，一层一层地向下进行。分层聚类的结果用一种类似树的结构来表达，叫作系统树图。

我们知道，聚类依赖于数据实例之间存在的相似性度量。在一个系统树图中，数据点是按照从最相似（最近）到最不同（最远）的方式来结合的。我们回想一下在 5.2 节中

⊖ Lima, M. and B. Shneiderman (2014). *The Book of Trees: Visualizing Branches of Knowledge*. Princeton Architectural Press

讨论过的 $k-$ 均值算法。要计算出 k 个聚类,需要满足 3 个条件:聚类的个数 (k 的值),初始分配到各聚类的数据点,以及距离或者相似性的度量 $d(x_i, x_j)$。在分层聚类中只需要满足一个条件:数据点的分组之间的相似性度量。

我们先来看一看凝聚聚类算法,初始状态是我们的 N 个数据实例各自组成一个聚类。给定相似性度量 $d(x_i, x_j)$,可以迭代地合并两个最近的分组,一直重复,直到结果所有的数据实例都在一个聚类中。两个聚类结合在一起的点叫作节点。在最终得到的树上的每一个节点,数据都是以连续的方式做了一个分段。

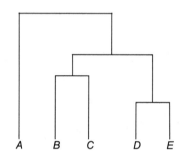

图 7.1　系统树图是一种类似于树的结构,将分层聚类的结果进行可视化。分支所在的高
　　　　度表示聚类的相似程度

很容易看出,在进行凝聚聚类时,每当创建一个新的节点,它结合的分组之间的相似性就会单向降低。两个聚类之间的距离越远,它们之间的相似性越低。在系统树图中也表达了这一点:每一个分支的高度表示分组之间的相似性是高还是低,高度越高,相似性就越低。图 7.1 中给出了一个系统树图的示例。可以看出聚类 D 和 E 之间的相似性比聚类 B 和 C 之间的相似性要高。同样地,聚类 A 和其他的聚类都有显著的差异性。

凝聚聚类开始时,寻找相似数据点的方法很直接,只需要把各个数据点单独比较即可。不过,一旦一个聚类中的数据点有多个,那么需要定义分组,或者说定义聚类之间的相似性的含义,这是整个过程中非常重要的一步。给定两个聚类 F 和 G,我们有以下几种选择:

- 单点连接——用距离最近的两个实例来定义相似性:$d_{SL}(F, G) = \min d(x_i, x_j)$,其中 $x_i \in F$,$x_j \in G$。
- 完全连接——用距离最远的两个实例来定义相似性:$d_{CL}(F, G) = \max d(x_i, x_j)$,其中 $x_i \in F$,$x_j \in G$。
- 分组平均——用 F 和 G 之间的平均相似性来定义二者的相似性:$d_{GA}(F, G) =$

$$\frac{1}{|F| \cdot |G|} \sum_i \sum_j d(x_i, x_j),\ \text{其中}\ x_i \in F,\ x_j \in G。$$

需要注意的是，单点连接可能导致一种情况，就是一系列的近距离的数据点构成一个链。这是因为在整个过程中聚类倾向于在很早时就合并在一起。同样的道理，完全连接可能不会把距离近的分组合并到一起，因为在聚类中可能有个别的点距离较远。最后，分组平均依赖于具体使用的相似性度量，而在我们介绍的这3种方法中，它大体上算是较好的一种比较方式。

还有一种可以用于聚类合并的方法叫作 Ward 聚类法，它是一种基于方差分析（ANOVA）的方法。这种方法要求在每个合并阶段，对每一个特征进行单向的单变量方差分析，然后计算出哪两个聚类之间合并之后平方误差和增加得最少，并合并它们。

最后，再次指出分层聚类是一种无监督算法，即使在数据中并不真的存在分组的情况下，该算法还是会产生一个层级。可以使用交叉验证来检验得到的聚类是不是真的有意义。

分层聚类应用

下面使用鸢尾花数据集来演示如何用 Python 进行分层聚类。尽管 Scikit-learn 软件提供了分层聚类的实现，比如 AgglomertiveClustering，在这个示例中我们要使用的是 SciPy 中的分层模块。

首先获取鸢尾花数据集，并把数据加载到合适的变量中：

```
from sklearn.datasets import load_iris
iris = load_iris()


X = iris.data
```

下面使用 SciPy 中的 linkage 和 dendrogram 函数来做分层聚类，计算距离时则要调用 pdist 函数：

```
from scipy.cluster.hierarchy import linkage
from scipy.cluster.hierarchy import dendrogram
from scipy.spatial.distance import pdist
```

使用 pdist 函数计算数据中的特征两两之间的距离，用 linkage 函数和距离矩阵来运行分层聚类：

```
X_dist = pdist(X)
```

```
X_link = linkage(X, method='ward')
```

使用 Ward 聚类法来执行凝聚聚类任务。

我们可以使用一种度量衡量原始数据点两两之间的距离与分层聚类中包含的距离。可以使用共生系数[⊖]做到这一点。

聚类结果对原始距离的保持越好，则共生系数越接近 1：

```
> from scipy.cluster.hierarchy import cophenet
> coph_cor, coph_dist = cophenet(X_link, X_dist)
> print(coph_cor)
```

```
0.872601525064
```

知道在每一次迭代中有哪些聚类进行了合并很重要，linkage 函数返回的矩阵中就包含了这些信息。这个矩阵的第 i 个记录表示在第 i 次迭代中，哪些聚类被合并了（前 2 个记录）、它们之间的距离（第 3 个记录），以及多少个样本（第 4 个记录）。例如，我们可以看到在第一次迭代中，有哪些数据点被合并了：

```
> print(X_link[0])
```

```
[  9., 34.,   0.,   2.]
```

这表示在第一次迭代中，索引为 9 和 34 的两个数据点首先被合并了。

在图 7.2 中展示了用鸢尾花数据集生成的系统树图。在 X 轴上用括号括起来的数字表示在每个分支上的数据实例个数。前面讲过，开始时每一个数据实例都是一个聚类（也就是树形图上的叶子节点）。不过在这个示例中共有 150 个实例，把所有的分支画出来很难做到。dendrogram 函数对此提供了支持，让我们能对系统树图做一些截断处理。

⊖　Farris, J. S. (1969). On the cophenetic correlation coefficient. *Systematic Biology* 18（3），279–285

此处仅显示了最后 15 个（*p*=15）已经合并后的聚类。

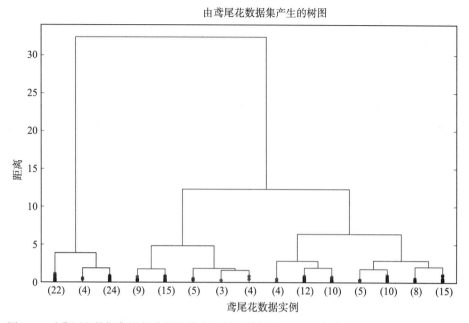

图 7.2　对鸢尾花数据集进行分层聚类生成的系统树图。可以看到，通过在适当的距离进行截断，就可以从系统树图中得到 3 个聚类

```
import matplotlib.pyplot as plt
dendrogram(X_link, truncate_mode = 'lastp',\
p=15, show_contracted = True)
plt.show()
```

最后，可以获得分层聚类生成的标签。可以用 fcluster 函数实现这一点，它使用了在这个示例中想要截断系统树图的距离阈值。从图 7.2 看到在高度低于 10 的地方有 3 个不同的聚类，那么可以选择 9 作为阈值传给 fcluster 函数：

```
from scipy.cluster.hierarchy import fcluster
max_d = 9
clusters = fcluster(X_link, max_d,\
criterion='distance')
```

其中，数组 clusters 中包含了我们给数据点打的标签 1、2 和 3。

另一种选择阈值的方法叫作不一致度方法。该方法比较每一个合并进来的聚类的高度 h，并把它们的差异归一化成方差：

```
from scipy.cluster.hierarchy import inconsistent
depth = 6
incons_measure = inconsistent(X_link, depth)
```

inconsistent 函数返回的矩阵包括每一次合并的平均值、标准差、计数和不一致度。可以使用不一致度获得想要的聚类。不过，这种方法的效果高度依赖于选择正确的阈值和深度：

```
clusters_incons = fcluster(X_link, t=8,\
criterion='inconsistent', depth=15)
```

7.2　决策树

在这一节里，我们继续利用树结构的启发，探索著名的分类算法，其中一种也是以树来命名的——决策树，这是一种无参数的算法，因为不需要对它的参数或者分布做任何假设，就可以开始进行分类任务。它也是一种分层技术：建模过程是使用数据特征的值做一系列的有序决策，结果会对每一个数据实例都打上分类标签。

你可能会问，如何辨认一个决策树，即使距离很远？决策树或许是因为它的图形形式而得名的，有一些规则指导我们从图表中决定一个最终的输出。决策树是一种有向无环图，其树形结构包括很多点和边，其中的点表示测试条件或者我们为了分类数据需要考虑的问题，而边表示对该问题的回答或者输出。

一个好的决策树的根节点没有输入的边，而有两条或更多输出的边。

一个**内部结点**有一条输入的边，两条或更多输出的边；每一层的内部结点都表示测试条件。一个**叶子结点**有一条输入的边，没有输出的边；叶子结点都有类别标签，没有更多的输出。

在第 2 章里我们为一些动物创建了一个 Pandas 数据帧，在表 2.4 中列出了这些动物腿的数量和饮食习惯。现在我们扩展一下信息，在这个数据帧里加一个列，也就是数据的标签。在表 7.1 中显示了这个数据帧，并使用这些信息来构造我们的第一个决策树。

我们重新使用一下在第 2 章中创建的 Pandas 数据帧。

表 7.1　几种动物的饮食习惯和腿的数量

动　　物	腿 的 数 量	草 食 动 物	类　　别
蟒蛇	0	否	爬行动物
伊比利亚猞猁	4	否	哺乳动物
大熊猫	4	是	哺乳动物
田鼠	4	是	哺乳动物
章鱼	8	否	软体动物

可以评估一个数据帧的所有测试条件的可能的组合，从而构建所有可能的决策树。例如，在根节点处可以考虑测试该动物是不是草食动物。接下来我们可以问该动物有几条腿，如此继续。结果就得到了如图 7.3 所示的决策树。请注意，我们在一开始也可以先问该动物是不是有 4 条腿，这样就会马上得到一个叶子节点，在我们的数据帧中，所有的哺乳动物都会被分类到这个叶子节点。

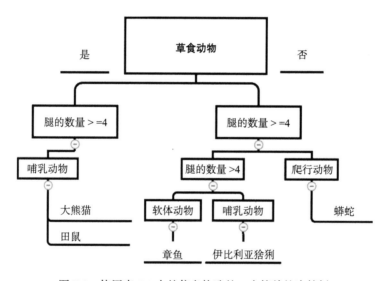

图 7.3　使用表 7.1 中的信息构造的一个简单的决策树

我们有理由认为，构建所有可能的决策树不是一个非常实际的做法。所以，我们更乐意使用某种贪婪算法，以便于更快速地给我们的问题找到一个局部最优解。

有一种可以用的方法是 Hunt 算法[⊖]，该算法从上至下构造决策树，把数据集划分成越来越小的子集。该算法的目标是最小化分类任务的消耗：一方面考虑数据实例误分类，另一方面计算数据实例显示的特征的值。

选择比较小的数据子集是很容易的。不过，需要这些小的子集能够产生叶子节点，

⊖　Hunt, E. B., J. Marin, and P. J. Stone（1966）. *Experiments in induction*. New York: Academic Press

以便我们能正确地对数据实例进行分类。为了达到这个目标，我们需要一个度量，依据它在每个节点划分数据。这个度量就是纯度：如果一个子集的纯度等于100%，则表示该子集中所有的数据实例都是同一个类别的，不需要再对这些数据进一步划分。以表 7.1 中的数据为例，如果我们在一开始根据腿的数量来划分数据，那么该表格中所有 4 条腿的动物都是哺乳动物。

对于一个二元分类问题，假设其类别是 A 和 B，且一个数据集在一个节点 n 处的数据实例个数是 N_n，则 Hunt 算法的处理如下：

1）如果节点 n 的纯度足够，换句话说，所有的 N_n 个数据实例都属于类别 A，则算法结束，且我们得到一个类别 A 的叶子节点。

2）如果节点 n 纯度不够，刚需要进一步划分这个数据集。我们需要创建一个测试条件，使得数据集能划分开。这就表示该节点是一个内部节点。

3）运行测试条件，为节点 n 创建子节点，并把 N_n 个数据实例都赋予这些子节点中的某一个。

4）迭代执行以上步骤，直到得到全部的叶子节点。

上述步骤 2）提到需要创建一个测试条件。我们希望根据这个条件能创建纯度最高的子节点。换句话说，纯度越高，分类效果就越好。在划分完数据之后，需要比较父节点和每一个子节点的纯度。

如果总共有 c 个类别，假设在一个节点 n 中属于类别 i 的数据实例数量为 $p(i|n)$。有一些衡量纯度的方法：

- 熵：

$$H(n) = -\sum_{i=1}^{c} p(i|n)\log_2 p(i|n) \tag{7.1}$$

一个纯度足够的节点的熵等于零，因为 $\log_2(1) = 0$。熵最大的情况是所有的类别都划分了相同数量的数据，特别地，对一个二元分类器，熵的最大值是 1。

- 基尼不纯度：

$$G(n) = 1 - \sum_{i=1}^{c} p^2(i|n) \tag{7.2}$$

一个纯度足够的节点的基尼不纯度等于零。和熵一样，基尼不纯度在所有类别所占比例一样时达到最大值。基尼不纯度的范围在 0 ~ 1 之间，和有几个类别无关。

- 分类错误：

$$E(n) = 1 - \max_i p(i|n) \tag{7.3}$$

同样地，一个纯度足够的节点的分类错误等于零。它的取值范围在 0 ~ 1 之间。

图 7.4 显示了上述了几种不纯度度量的表现。

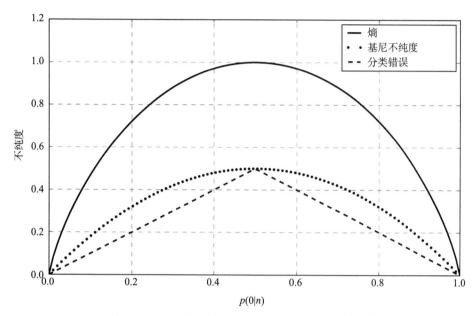

图 7.4　可用于二元分类问题的几种不纯度度量的比较

对于上述每一种不纯度函数 $I(n)$，我们需要比较父节点和子节点之间的纯度的增益：

$$\Delta = I(\text{parent}) - \sum_{\text{children}} \frac{N_j}{N} I(j - \text{th child}) \tag{7.4}$$

如果不纯度是用来度量熵的变化，那么增益就叫作信息增益。

决策树中也不可避免地会出现过度拟合的问题，而最坏的情况就是我们得到的叶子数量和数据实例的数量一样多。我们可以限制树的增长，比如只用二进制分裂（CART算法），或者对输出的数量进行某种惩罚（C4.5 算法）。一种广泛使用的正则化方法是增益比，它度量的是划分到子节点中的数据实例的分布的熵。

$$GR = \frac{\Delta_{\text{info}}}{-\sum \frac{N_j}{N} \log_2 \left(\frac{N_j}{N} \right)} \tag{7.5}$$

增益比可以减少多值特征的偏置，因为在选择特征进行数据划分时，它考虑了节点的数量和大小。

可以设置一些规则来阻止一直分割数据，也可以避免过度拟合。一个小例子就是当一个节点中的所有数据都属于同一个类别时，可以设置一个增益的最小阈值，当一个分支上的信息变得不可靠时，即不能再得到上述阈值以上的增益时，可以对树进行预剪枝，而尽管它可以预防过度拟合，这种方法并没有一个直观的校准方式，所以有可能过早地限制了树的增长。

还有一种方法是构造一个生长完全的树，然后进行后剪枝。我们可以有效地对树进行自下而上的检查，从而对一些子树进行简化，可以把它替换成一个单节点（子树替换），或者替换成一个简单一点的子树（子树提升）。

决策树实践

众所周知，泰坦尼克号从英格兰南安普顿出发，向美国纽约市进行了它的处女航。在起航之前，这艘大船已经非常出名，它就像一个漂浮的城市，船上的乘客来自于社会上的各个阶层：从富有的精英人士，到满怀希望、期待在美洲重新开始的移民。在 1912 年 4 月 14 日的夜里，泰坦尼克号撞上了一座冰山，最终导致了它的沉没。泰坦尼克号通过无线电发出了呼救信号，尽管附近也有其他的船只，却并没有迅速地得到救援。

基于泰坦尼克号上的乘客的信息，我们想要构造一个基于决策树的模型，研究一下在灾难中的生存机会。这里使用的数据，可以从 Kaggle 比赛相关链接⊖中获得。

训练数据包括 891 个记录，它们有以下属性：

- Survived：0= No; 1 = Yes
- Pclass：乘客等级（1 = 1st; 2 = 2nd; 3 = 3rd）
- Name：乘客姓名
- Sex：（female; male）
- Age：乘客年龄
- SibSp：在船上的兄弟姐妹 / 配偶数量
- Parch：在船上的父母 / 子女数量
- Ticket：船票数量
- Fare：乘客票价

⊖ Kaggle（2012）. Titanic: Machine Learning from Disaster. https://www.kaggle.com/c/titanic

- Cabin：客舱
- Embarked：上船港口（C = 瑟堡；Q = 昆士顿；S = 南安普顿）

我们把数据加载到 Pandas 数据帧里，并清除一些不完整的信息。在这个示例中，我们会忽略 Ticket 和 Cabin 这两列，并丢弃数据帧中没有任何值的实例：

```
titanic = pd.read_csv(u'./Data/train.csv')


titanic = titanic.drop(['Ticket','Cabin'], axis=1)


titanic = titanic.dropna()
```

做完这些变换，还剩下 712 个可以使用的数据实例。

还有一些额外的信息，对于如何使用数据集中各种不同的属性有一定的指导作用。众所周知，船上并没有足够的救生艇来容纳所有船员和乘客，而且使用救生艇时也没有达到它们的最大容量。上流社会的乘客首先得到了登艇的机会，其他人只能自求多福。

假设"妇女儿童优先"这一原则得到了执行。在这个前提下，我们来做一些数据探索，看看从灾难中生还的乘客的比例，先按照旅客等级和性别分类：

```
Pclas_pct =\
pd.crosstab(titanic.Pclass.astype('category'),\
titanic.Survived.astype('category'),\
margins=True)


Pclas_pct['Percent'] =\
Pclas_pct[1]/(Pclas_pct[0]+Pclas_pct[1])


Sex_pct =\
pd.crosstab(titanic.Sex.astype('category'),\
titanic.Survived.astype('category'),\
margins=True)


Sex_pct['Percent'] = \
Sex_pct[1]/(Sex_pct[0]+Sex_pct[1])
```

此处，用 crosstab 方法构造等级为 V 的旅客是否生还的交叉组合。可以用 Pandas 来计算每个旅客等级的生存者的比例。那么每个性别的生存者比例如何呢？我们来看一下具体数字：

```
> print(Pclas_pct['Percent'], Sex_pct['Percent'])


Pclass
1.0    0.652174
2.0    0.479769
3.0    0.239437
All    0.404494
Name: Percent, dtype: float64
Sex
female    0.752896
male      0.205298
All       0.404494
Name: Percent, dtype: float64
```

从上面的数据中可以看出，有大约 65% 的乘客的等级是 1 等，23% 的乘客是 3 等。在性别上，75% 的女性乘客生存下来，而与之对照的是只有 20% 的男性乘客生还。换句话说，如果是一位女性乘客，且乘客等级是 1 等的话，就会有更大的机会生存下来。

我们在建模时会使用特征集的一个子集，关注的是 3 个特征：等级、性别和年龄。请注意 Scikit-learn 软件只接受数值型的数据，在这个示例中，性别属性是文本形式的，即 female 和 male。我们需要对 Pandas 中的数据做一些预处理，用数值标签把信息进行编码，获得一些虚拟变量[⊖]。

```
titanic = pd.concat([titanic,\
pd.get_dummies(titanic['Sex'])], axis=1)
```

这段代码在数据帧中添加了两个新的列，一个是 female，一个是 male，其中的值都是 0 或者 1。

现在我们已经做好建模的准备了。Scikit-learn 软件提供了一个决策树模型 DecisionTreeClassifier，它可以采用多种参数，包括使用熵或者基尼不纯度的度量。我

⊖ 请注意，Pandas 中只采用数值型的值，我们需要对其他类别的值进行适当的编码。可以使用 get_dummies 函数方便地做到这一点。

们也可以使用诸如 max_depth 和 min_samples_leaf 之类的参数来控制树的修剪，max_depth 指定了树的最大深度（层级），min_samples_leaf 指定了一个内部节点最少有多少个数据实例才能进一步分割。

我们使用 GridSearchCV 来决定最佳的深度和最小的样本数量的取值。一开始，要把全部数据划分成训练数据和测试数据两部分：

```
X = titanic[['Pclass','Age','female']]
Y = titanic['Survived']

import sklearn.model_selection as ms

XTrain, XTest, YTrain, YTest =\
ms.train_test_split(X, Y,\
test_size= 0.3, random_state=1)
```

请注意，这里仅使用 female 列，这一列为 0 表示对应的 male 列为 1。

现在可以定义搜索哪些值（我们要对树的深度和可分割节点的阈值进行搜索），并使用熵作为不纯度的度量，把决策树实例化。

```
depth_val = np.arange(2,11)
leaf_val = np.arange(1,31, step=9)

from sklearn import tree

grid_s = [{'max_depth': depth_val,\
'min_samples_leaf': leaf_val}]

model = tree.DecisionTreeClassifier(criterion=\
'entropy')
```

现在可以运行搜索，然后使用搜索到的最佳参数：

```
from sklearn.model_selection import GridSearchCV

cv_tree = GridSearchCV(estimator=model,\
param_grid=grid_s,\
cv=ms.KFold(n_splits=10))
```

```
cv_tree.fit(XTrain, YTrain)

best_depth = cv_tree.best_params_['max_depth']

best_min_samples = cv_tree.\
best_params_['min_samples_leaf']
```

在这个示例中可以看到，最佳的最大树深度是 3 层，最小的叶子节点数据实例个数是 1。图 7.5 中给出了分类分数的热图。现在我们在之前创建的测试数据子集上运行这个模型：

```
model = tree.DecisionTreeClassifier(\
criterion='entropy',\
max_depth=best_depth,\
min_samples_leaf=best_min_samples)

TitanicTree = model.fit(XTrain, YTrain)
survive_pred = TitanicTree.predict(XTest)
survive_proba = TitanicTree.predict_proba(XTest)
```

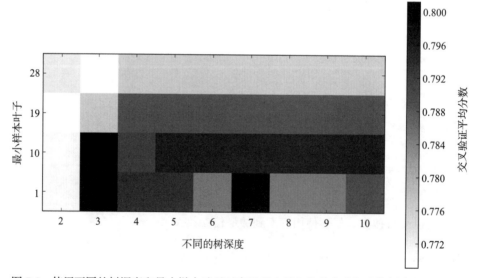

图 7.5　使用不同的树深度和最小样本叶子对泰坦尼克号上的乘客进行决策树分类，得到的交叉验证平均分数的热图

我们使用上述模型获得的混淆矩阵如下所示：

```
> from sklearn import metrics
> metrics.confusion_matrix(YTest, survive_pred)
```

```
array([[104,  22],
       [ 23,  65]])
```

得到的分数如下：

```
> print(TitanicTree.score(XTest, YTest))
```

```
0.789719626168
```

使用 Scikit-learn 软件的 export_graphviz 方法，可以为刚才创建的树生成一个 Graphviz 可视化结果[⊖]。图 7.6 中给出了这个决策树。

```
tree.export_graphviz(TitanicTree,\
out_file='TitanicTree.dot',\
max_depth=3, feature_names=X.columns,\
class_names=['Dead','Survived'])
```

最后，我们可以在 Kaggle 竞赛测试数据集提供的保留数据上使用我们的模型。需要先对数据进行预处理，做法和对训练数据的处理一样。

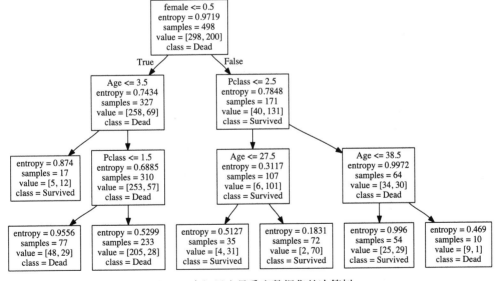

图 7.6　泰坦尼克号乘客数据集的决策树

⊖　Graphviz 是一个开源的图形可视化软件，需要安装，才能对树进行可视化。此处这段代码会生成一个 a.dot 文件，Graphviz 可以使用这个文件进行可视化。

```
titanic_test = pd.read_csv(u'./Data/test.csv')
titanic_test = titanic_test.drop(['Ticket',\
'Cabin'], axis=1)
titanic_test =titanic_test.dropna()
titanic_test = pd.concat([titanic_test,\
pd.get_dummies(titanic_test['Sex'])], axis=1)
```

最后我们可以获得预测结果。

```
X_holdout = titanic_test[['Pclass','Age',\
'female']]


survive_holdout = TitanicTree.predict(X_holdout)
```

7.3 集成技术

很多人在旅行时都玩过一些有趣的游戏，比如猜罐子里有多少糖果或者硬币。这类游戏玩起来很容易，只需要说出你估计的数目，不用讲你思考的细节，如果你猜对了，会得到一个奖品，并会经常收到主办方发的邮件。这类比赛存在很长时间了，但人们大多都没有考虑过估计数字这个过程的统计学内涵，除了 Francis Galton。

在英格兰普利茅斯的一次郡集市上，Galton 遇到了上面说的那种比赛的一个形式，但不是猜糖果或硬币的数量，而是猜一头巨大公牛的体重⊖。他发现，800 位参与者所猜测数字的平均值为 1207 磅⊜，这实际上非常接近那头牛的真实体重（1198 磅）。他指出，估计值的中间数体现了人们的心声。现在我们把这个现象叫作"群体的智慧"。

对公牛体重（或者对罐子里的硬币数量）的一个猜测值可能不准确，甚至一点都不接近真实的值。但是，如果把多种多样的独立的想法综合起来考虑，那得出的估计值就会准确得多。当然，群体的智慧不是绝对正确的，但仍然有参考价值。事实上，我们看病时会考虑两个甚至三个不同的诊断结果，也是这个原理。更有甚者，还有一些公民科学项目，比如 Zooniverse⊗和 Fold-it⑳已经证明了，一般公众和业余爱好者的参与，可以

⊖ Galton, F.（1907）. Vox populi.*Nature 75*（1949），450–451
⊜ 1 磅≈0.45kg。——编辑注
⊗ Zooniverse. Projects. https://www.zooniverse.org/projects
⑳ Fold-it. Solve puzzles for science.https://fold.it/portal/

为科学事业做出无价的贡献。

在机器学习中，把多个分类器结合在一起使用，效果往往会更好。我们把这种结合叫作集成技术。在这个方面，集成表示若干个独立的、经过训练的基本分类器——比如决策树——的集合，把它们的预测结果结合起来，决定一个未知数据的类别。正如Galton调查的公牛的例子一样，一个集成获得的结果通常比那些独立的分类器的结果更准确。

一个基本分类器可以是任何一种算法，只要它能提供比随机猜测效果好一些的结果，所以也叫作弱分类器。对于二元分类器，弱分类器可以提供一个函数，其分类的正确率最少可以是 $\frac{1}{2}+\varepsilon$，此处 ε 是一个很小的正数。与之对应的是，一个强分类器可以提供非常成功的算法来对记录进行分类。

我们的任务是找到一种方法，把若干个弱分类器的结果聚合起来，获得一个强分类器。尽管如此，为了把分类器集成起来变强，从而表现得比基本分类器好，我们需要基本分类器有一定的正确率，而且它们在错误分类方面要显示不同的性质，换句话说，它们的错误分类必须发生在不同的训练数据记录上。正确率方面的要求表示模型有较低的偏差，而差异性表示这些弱分类器互相并无关联。出于这些考虑，决策树就是一种典型的基本分类器：例如，在树增长时我们可以控制标签数量方面的弹性，这样就能产生多种不同的分类器。

集成分类器作为一种有监督学习任务，它具有一些优点。我们想要通过学习得到一个分类器 h，它能够对新数据的真实类别做出正确的预测。如果我们的训练数据量很小，则基本分类器就会很难收敛到 h。一个集成分类器有助于"超收敛"各个基本分类器的预测结果，改善收敛性。

在计算方面，集成分类器也有优势：对所有可能的分类器做穷举式搜索是一个很困难的任务。那样做的话，即使我们有足够的数据可供处理，也很难找到最佳的 h。集成若干个开始条件不同的基本分类器有助于进行搜索。这就是为什么我们在7.2节中使用探索性方法来构造决策树。

最后，单独一个基本分类器可以提供的分类函数可能不是很容易调整成实际的 h。一个很好的例子就是规范决策树，它的决策边界是特征空间的直线分割，如图7.7a所示。在这种情况下，如果真实的特征边界是一条对角线，那么这个基本分类器就需要进行无限多次的直线分割。不过，集成分类器就可以提供一个对该边界的良好的近似，如图7.7.b所示。

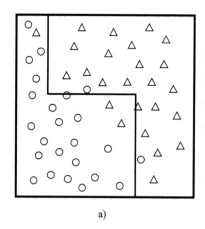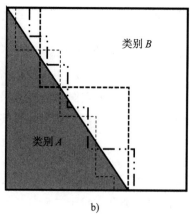

a)   b)

图 7.7　由一个决策树（a）和多个决策树（b），提供的决策边界。多个决策边界的结果可以提供对真实的对角线边界的更好的近似

聚合基本分类器的思想相当地直接。给定一个初始的训练数据集，我们需要构造一个基本分类器的集合。这 n 个分类器中，每一个都需要用适当的数据进行训练。一种做法如图 7.8 所示，根据一个指定的采样分布，用初始训练数据构造多个数据集。这种分布决定了我们选择一个特定的记录进行训练的可能性有多大。每一个数据集都用来训练弱分类器，预测未知数据的类别，最后这些模型会进行聚合。

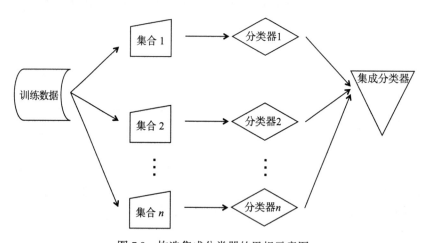

图 7.8　构造集成分类器的思想示意图

有多种不同的机制可以用来构造集成分类器。例如，我们可以操作训练数据集、类别标签或者学习算法。我们将会细致地介绍这些机制。首先我们先来了解一下这些集成技术是如何获得比单个基本分类器更好的结果的。

我们来考虑一个二元分类任务，类别标签为 A 和 B。我们一共有 10 个新的数据记录，它们的真实标签全部是 A。我们构建了 3 个分类器，它们的正确率都是 60%。我们用每一个分类器获得各自的预测结果，使用多数投票机制来构造集成分类器的标签。结果的示例如表 7.2 所示。

表 7.2　3 个假想的二元基本分类器的预测结果，以及多数投票产生的集成分类器的预测结果

分　类　器	预　测　类　别									
1	A	B	A	A	B	B	A	B	A	A
2	B	A	A	A	A	A	B	A	B	B
3	A	B	A	B	A	B	A	B	A	A
集成分类器	A	B	A	A	A	B	A	B	A	A

在表 7.2 所示的这个例子中，多数投票产生的正确率为 70%。总的来说，在这个对 3 个分类器进行多数投票的例子中，我们想得到如下输出：

- 3 个分类器都错误：$(1-0.6)^3 = 0.4^3 = 0.064$
- 2 个分类器错误：$3(0.6)(0.4)^2 = 0.288$
- 2 个分类器正确：$3(0.6)^2(0.4) = 0.432$
- 3 个分类器都正确：$0.6^3 = 0.216$

可以看出，当正确率为 43% 时，多数投票可以得到正确的标签。根据上面的数据，集成分类器在 64% 时可以得到正确结果（43% + 21%），比单个基本分类器的 60% 的正确率表现更好。使用更多的基本分类器可以得到更好的分类。

我们在前面提到过，基本分类器之间如果存在关联性，会影响集成分类器。来看一个例子：如果这 3 个基本分类器之间有互相关联的输出，我们可能看不到任何改善。假设表 7.3 中所示的输出，分类器 2 和 3 的正确率是 70%，而且它们的预测互相之间有很高的关联性，则使用多数投票的方法得到的集成分类器正确性并没有任何提高（70%）。

表 7.3　使用 3 个假想的、关联性高的二元基本分类器的预测结果得到的预测分类

分　类　器	预　测　类　别									
1（正确率 80%）	A	A	A	A	A	B	A	B	A	A
2（正确率 70%）	B	A	A	A	A	A	B	A	A	B
3（正确率 70%）	B	A	A	A	A	A	B	A	A	B
集成分类器	B	A	A	A	A	A	B	A	A	B

下面给出一个对照的示例，3 个分类器的性能差距很大，不过它们的结果之间没有关联性，如表 7.4 所示。可以看到在这个示例中，多数投票得到的结果正确率高达 90%。由此可见，如果分类器的输出之间互不关联，将得到更高的正确率。

表 7.4　使用 3 个假想的、关联性低的二元基本分类器的预测结果得到的预测分类

分类器	预 测 类 别									
1（正确率 80%）	A	A	A	A	A	B	A	B	A	A
2（正确率 60%）	A	B	A	B	B	A	B	A	A	A
3（正确率 70%）	B	A	A	A	A	A	B	A	A	B
集成分类器	A	A	A	A	A	A	B	A	A	A

在上面的示例中，我们使用了简单的多数投票机制来决定集成分类器的输出。在以下的章节中，将讨论几种不同的构造集成分类器的方法。

7.3.1　套袋

套袋指的是自举聚合，这是一种使用重采样来操作训练数据集的集成技术。假设一个初始的训练数据集有 N 个记录，在套袋中我们创建多个大小为 N 的训练数据集，使用一致的采样，并做了替换。这就表示有一些记录在这个过程中被选中了多次，而有一些记录可能一次也没被选中。

我们在每一个自举样本上构建分类器，然后进行分类器之间的多数投票。因为有些新数据集可能包含重复的数据实例，而且还可能缺失了一些记录，结果导致有些分类器的错误率比起使用原始数据时升高了。同样地，一些数据点可能缺失了，结果就产生了一些弱分类器。

尽管如此，我们在表 7.4 的示例中可以看到，在结合这些分类器之后，得到的结果的正确率比任何一个基本分类器都要高。Breiman 曾经指出[⊖]，在机器学习中，套袋是一种很有效的方法论，在训练集中做一些小小的变化，就可以对预测结果产生显著的影响。人们认为这些算法是"不稳定的"，典型的例子是决策树或者神经网络。

提高套袋的正确率的一个方法是减少单个分类器的变化性，从而改善泛化错误。如果分类器是稳定的，则错误主要来源于它们的偏差，套袋的效果就可能不好。因为我们使用替换法来对数据进行了重采样，套袋不会关注训练数据中的特定数据实例，这就意味着减少了过度拟合的可能性。

7.3.2　助推

了解了套袋的原理之后，我们知道了它不会对任何特定的数据记录优先处理。不过还是值得考虑一下，如果我们希望对训练数据集中某些特殊的记录给予更多关注，可以

⊖　Breiman, L.（1996）. Bagging predictors. *Machine Learning* 24（2），123–140

做什么样的改变。一种可能性是改变训练数据的采样分布。助推可以说是一种互动式方法论，可以调整数据采样，以便于关注那些在上一次迭代中错误分类的记录。

在初始迭代中我们使用统一的分布，从而对 N 个记录赋予相同的权重。在第一轮结束时，我们改变权重，以便于强调那些错误分类的记录。用这种手段，助推产生了一系列分类器，它们的输入都是基于前一轮的分类器的表现而选择的。这一系列分类器最终的预测是用权重选举计算出来的，依据是单个基本分类器的训练错误。

助推的目的是在每一轮中构建若干分类器，令它们对数据标签的预测结果优于前一次迭代中的分类器。每一轮迭代采样会替换数据（即重新赋权重），我们可能会遇到的问题是，在某一个得到的训练子集中缺失了一些特定的记录。这不会成为问题，因为这些被忽略的记录更有可能分类错误，从而在下一轮迭代中获得更高的权重，迫使集成分类器修正这些错误。可以看到，在每次迭代中，基本分类器都会重点关注那些越来越难以分类的记录，迫使任务在推进时处理更困难的分类任务。

有一种很受欢迎的助推法叫作 Ada-Boost 算法[⊖]，也叫自适应助推。它可以使用基于实例本身的概率来选择数据点，也可以使用所有的数据点，并根据它们自身的概率来计算权重。Ada-Boost 是一种快速算法，不需要参数搜索——除了迭代次数以外。

尽管如此，如果基本分类器比较复杂，Ada-Boost 可能会发生过度拟合。请注意，Ada-Boost 可能对噪声敏感。

7.3.3 随机森林

单独的一棵树也可以乘凉，不过还是很难比得上一片树林的树荫。如果我们创建一组不同的决策树作为基本分类器，而且让它们使用随机的方式增长，最后就会得到一个随机森林[⊖]。我们已经知道，用套袋可以产生比单个基本分类器更好的预测结果。如果这个基本分类器的实例是一个决策树，那么套袋时生成的不同的树会有不同的预测，因为它们使用不同的训练集。

如果我们想要改变构造树的方式，例如，不仅随机选择每一个子集中包含的数据实例，也随机选择使用的特征，那么就能得到互相不关联的基本分类器。实际上，随机森林使用套袋方法给决策树添加了一层随机因素：在使用自举采样构造每个树的基础上，

⊖ Freund, Y. and R. Schapire（1997）. A decision-theoretic generalization of on-line learning and an application to boosting. *J. Comp. and Sys. Sciences* 55（1），119–139

⊖ Breiman, L.（2001）. Random forests. *Machine Learning* 45（1），5–32

在随机森林中，树上的每个节点分割其子集时，选择的特征都是随机的。

结果会得到一个表现非常好的分类器，而且在过度拟合问题方面有很好的鲁棒性。随机森林算法的思想简单直接，很好理解，它只需要两个参数：每个节点要随机选择的特征数量和森林中的树的数量。我们能构造的最简单的随机森林，在每个节点中会选择很少的特征来进行分割，然后允许树自由生长到最大限度，不进行剪枝。这种方法叫作 Forest-RI 或者随机输入选择。

一些情况下，特征的数量本来就很少，那么可以用已有特征的随机线性组合来创建一些新的特征。这些新特征也可以用来构造决策树。这个过程叫作 Forest-RC 或者随机组合。相反，如果有很大数量的特征需要考虑，那么各个节点进行分裂时使用的特征可以是完全不同的。

更进一步，我们在树的增长方面也引入随机的方式，之前对一个节点进行分裂时是选择对指定特征进行最佳的分割，而现在我们将每一个指定特征的分割阈值都设为随机数。而这些随机产生的阈值中，表现最好的阈值成为分割的规则。这类随机森林叫作极端随机树[⊖]。和前面介绍过的所有的集成技术一样，构造的所有树之间的关联性越高，则随机森林的错误率越高。所以，我们希望所有的树之间互相没有关联。随机森林算法运行速度很快，而且对于不平衡的数据，甚至有缺失的数据，具有很强的鲁棒性。不过，对于噪声特别大的数据集，它比较容易发生过度拟合。

7.3.4　层叠和混合

除了前面讨论的集成技术以外，还有一些其他的方法可供探索。Wolpert 曾经提出了另外一种结合多个基本分类器的方法，叫作层叠泛化[⊖]。层叠泛化中的一些步骤和交叉验证[⊜]中的做法是一样的，比如说二层的层叠，我们需要把训练数据集分成两个不相交的部分。先用第一部分训练基本分类器，然后用第二部分对它们进行测试。我们把最后一步的预测结果作为输入，用来训练更高一级的分类器。

层叠还有一个名字叫作混合（blending），这个名字随着 Netflix 公司举办的机器学习竞赛的胜出者而广为人知，它基于客户对电影的偏好[®]，提高了 Netflix 针对不同客户所

⊖　Geurts, P., D. Ernst, and L. Wehenkel（2006）. Extremely randomized trees. *Machine Learning* 63, 3–42

⊜　Wolpert, D. H.（1992）.Stacked generalization. *Neural Networks* 5（2）, 241–259

⊜　关于交叉验证，可参见 3.12 节。

®　Töscher, A. and M. Jahrer（2009）. The BigChaos solution to the Netflix grand prize. http://www.netflixprize. com/assets/GrandPrize2009_BPC_BigChaos.pdf

推荐电影的匹配度。有时这两种算法之间会有一些不同：在混合中，我们从训练数据集创建一个小的保留子集，而层叠模型是用这个保留子集训练出来的。总的来说，混合比层叠简单，使用的数据少一些。需要注意的是，层叠模型可能会对保留子集过度拟合。

7.4　集成技术实践

现在我们来看看前面介绍的这些集成技术在 Scikit-learn 软件中的实现。我们要继续使用 7.2 节中用过的泰坦尼克数据集来进行工作。

和以前一样，对数据集做一些预处理步骤，不过这次我们要增加一些新的变量，包括登船港口。这个特征需要做一下转换，对下面这 3 个港口进行编码，得到一些虚拟变量。

- 瑟堡：C
- 昆士顿：Q
- 南安普顿：S

为了完整地显示，我们再次展示处理的细节。这些步骤和 7.2 节中使用的一致，我们需要对登船港口进行编码：

```
titanic = pd.read_csv(u'./Data/train.csv')


titanic = titanic.drop(['Ticket','Cabin'], axis=1)
titanic = titanic.dropna()


titanic = pd.concat([titanic,\
pd.get_dummies(titanic['Sex'])], axis=1)


titanic = pd.concat([titanic,\
pd.get_dummies(titanic['Embarked'])], axis=1)
```

把数据集拆分成训练集和测试集，训练集用来训练多个不同模型，测试集用来评估结果。我们用需要的特征构造一个矩阵，然后创建训练和测试数据集：

```
import sklearn.model_selection as ms

X = titanic[['Pclass','Age','female','SibSp',\
```

```
'Parch','Fare','S','C','Q']]
Y = titanic['Survived']

XTrain, XTest, YTrain, YTest =\
ms.train_test_split(X, Y,\
test_size= 0.2, random_state=42)
```

我们想要使用 Scikit-learn 软件中实现的各种不同的集成技术，包括：

- 套袋：BaggingClassifier()
- 自举：AdaBoostClassifier()
- 随机森林：RandomForestClassifier()
- 极端随机树：ExtraTreesClassifier()

Scikit-learn 里的这些集成技术都需要用到参数 base_estimator，该参数用于指定建模时使用哪种类型的基本分类器。默认情况下的基本分类器是决策树，比如 DecisionTreeClassifier，在 7.2 节中有详细介绍。这些技术中还需要用到参数 n_estimators 来指定基本分类器的总个数。

下面引入将要使用的相关模型。我们将使用决策树作为基本分类器，并调用 Ada-Boost、套袋法、随机森林和极端随机树这几种算法的实现函数：

```
from sklearn.metrics import roc_curve

from sklearn.tree import DecisionTreeClassifier

from sklearn.ensemble.weight_boosting import \
AdaBoostClassifier

from sklearn.ensemble import BaggingClassifier

from sklearn.ensemble.forest import \
(RandomForestClassifier, ExtraTreesClassifier)
```

我们可以写一个脚本，使用上面的每一种集成技术以及一个标准决策树来训练不同的模型。先做一些关于此脚本的准备工作，创建一些对象来存储相关的信息。例如，用下面的方法来定义基本分类器的个数：

```
n_estimators = 100
```

现在创建一个列表，保存将要训练的不同模型：

```
models = [DecisionTreeClassifier(max_depth=3),\
BaggingClassifier(n_estimators=n_estimators),\
RandomForestClassifier(n_estimators=n_estimators),\
ExtraTreesClassifier(n_estimators=n_estimators),\
AdaBoostClassifier(n_estimators=n_estimators)]
```

还需要创建一个列表，指定我们要使用的模型的名称：

```
model_title = ['DecisionTree', 'Bagging',\
'RandomForest', 'ExtraTrees', 'AdaBoost']
```

我们还需要一个适当的结构来保存各种预测结果、概率和分数，以及真假阳性率和阈值，这里创建了 6 个空的列表，用于随后保存信息：

```
surv_preds, surv_probs, scores,\
fprs, tprs, thres = ([] for i in range(6))
```

现在，遍历模型列表，用 XTrain 和 YTrain 数组来拟合所有模型，然后用 XTest 和 YTest 获得预测结果和概率：

```
for i, model in enumerate(models):
    print(''Fitting {0}''.format(model_title[i]))

    clf = model.fit(XTrain,YTrain)
    surv_preds.append(model.predict(XTest))
    surv_probs.append(model.predict_proba(XTest))
    scores.append(model.score(XTest, YTest))

    fpr, tpr, thresholds = roc_curve(YTest,\
    surv_probs[i][:,1])
    fprs.append(fpr)
    tprs.append(tpr)
    thres.append(thresholds)
```

在这个示例中，获得的各种分数如下所示：

```
> for i, score in enumerate(scores):
      print(''{0} with score {1:0.2f}''.\
      format(model_title[i], score))

DecisionTree with score 0.75
Bagging with score 0.73
RandomForest with score 0.76
ExtraTrees with score 0.78
AdaBoost with score 0.81
```

请注意，在交叉验证中我们没有做任何 k 层折叠，希望读者可以尝试一下。我们暂时可以通过 ROC 曲线来获得对这些模型的性能概况的一个认识。

在图 7.9 中绘制了以上各种集成模型的 ROC 曲线，以及它们对应的 AUC 分数。可以看出，所有这些模型的表现都比随机猜测（对角线虚线）要好很多。对于我们做的这个简单的划分，这些 ROC 曲线表明，集成模型也比决策树的表现更好。Ada-Boost（AUC = 0.83）和随森林（AUC=0.82）看上去在这个分类任务中得到了最好的结果。

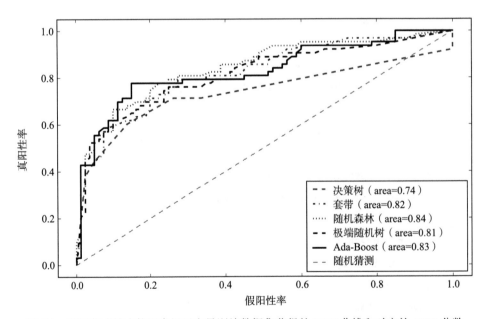

图 7.9　不同集成技术使用泰坦尼克号训练数据集获得的 ROC 曲线和对应的 AUC 分数

7.5　总结

树形结构在组织和可视化信息方面的使用非常有启发性和吸引力。在不同的学科中都使用了树形结构作为有关的交流工具，展示诸如生物物种、家族关系、数据库模式或计算算法等信息。在本章中，我们介绍了树形结构如何影响数据科学领域，并在无监督和有监督学习算法中使用了树形结构提供的分层组织方式。

对于无监督学习，我们考虑了分层聚类，还重点介绍了凝聚聚类算法——一种自下而上的分层聚类。从数据点各自成为一个聚类开始，随着树的升高，逐层地合并相似的聚类。一种可视化分层聚类的方式是使用系统树图。系统树图是一种类似树的结构，可以呈现从算法中获得的所有聚类。在系统树图中，分支（或者叫作树枝）的长度与聚类之间的相似程度相关。

我们也介绍了使用决策树进行分类这个有监督学习任务。决策树是操作搜索、决策分析等领域的一种著名工具。根据指导我们遍历决策树的结构的那些规则，可以充分地理解决策树的图形，甚至不必知道该树本身的构造过程。我们讨论了一种启发式的方法，使得在构造决策树时，可以不需要对数据集中所有的不同特征都指定规则。关键在于使用一条规则分类一个节点之前和之后的不纯度度量的变化。我们考虑了使用熵、基尼不纯度和分类错误作为不纯度的度量。

我们还使用基本分类器的群体智慧来改善预测能力。将这些基本分类器进行集成之后得到的结果，比任何一个基本分类器自己得到的结果正确率更高。这些基本分类器也叫弱分类器，必须比随机猜测的效果好，而且在各自的错误分类方面要有差异性，相互之间不要有关联性。集成分类器可以通过操作以下几种因素来构造：训练数据集、类别标签或学习算法。在本章的最后，还介绍了集成技术的细节，包括套袋、自举和随机森林。

第 8 章

少即多：降维

我们最近看到的急剧增长的数据，不仅包括记录的数量的激增，还包括描述数据集的特征的数量。在第 1 章中，我们提到了一个事实，即企业和研究人员可以获得的丰富的数据为我们提供了基于数据本身做出更好决策的机会。尽管如此，有时可用特征的数量可能过多，以至于很难确定数据集的哪些属性是最重要的。

我们已经讨论了特征选择背后的想法是数据科学家的思维模式：少即多。仔细选择要包含在模型中的特征对许多机器学习算法的结果有巨大影响，有些情况甚至可能有助于我们理解得到的结果。我们还在 4.9 节中看到了如何使用正则化技术，例如 LASSO[⊖]，提供了一种方法来自动执行特征选择[⊖]，并直接作为适当的正则化度量结果。

在本章中，我们将讨论主成分分析（PCA）和奇异值分解（SVD），它们是通过生成给定属性的组合来减少数据集中的特征数量，目的是在尽可能多地保留信息的同时，投射到更低维度的空间。

8.1 降维

在我们所讨论的算法和应用程序中，通过矩阵的方式来组织数据。这种表示方式使我们能够使用线性代数来执行矩阵运算，并使用简洁的符号来表示模型。例如，在 3.10 节中，我们看到了 Scikit-learn 是如何期望数据通过具有 M 个实例（逐行）和 N 个列特征的数字矩阵表示的。

可以将数据中的特性看作指定数据实例的不同维度。我们还意识到所谓的维度诅

⊖ 记住 LASSO 回归允许回归系数减小至零。

⊖ 参见 3.6 节中关于特征选取的讨论。

咒[一]，维数的增加要求我们在数据集中拥有更多的实例。有效处理这个问题的一种方法是考虑模型中包含的特性。仔细选择这些特性将大有益处，有时适当的转换具有在减少特征数量的同时尽可能多地传递有用信息的优势。因此，降维是特征提取的一种形式。

在这方面，降维的过程包括在大矩阵中表示数据集，并找到接近原始矩阵的"窄"矩阵。这些较窄的矩阵有更少的列和行，这在某种程度上比大矩阵更容易操作。在我们的问题中使用更少的维度可能会改进泛化，可以在算法的运行中获得一定的速度，并使用更少的存储来保存数据。在这方面，需要记住的一个很好的例子是数据压缩。例如，在图像压缩中，我们感兴趣的是在减小数据大小的同时仍然能够知道所描述的内容。我们需要平衡文件大小和想要保持的分辨率。

找到我们感兴趣的"窄"矩阵的过程包括将原来的大矩阵分解成更简单的有意义的部分。在许多情况下，这个过程涉及计算原始矩阵的特征值和特征向量，即特征值分解。特征值分解过程的重要性及其意义值得我们探讨。

数学家 David Hilbert[二]是第一个在这种情况下使用"特征"（eigen）这个词的人。这个词源自德语，是一个前缀，可以翻译为"适当的""独特的""自己的"或"特别的"。给定一个 $n \times n$ 的平方矩阵 A，一个列向量 x 具有 n 个非零元素，可以进行矩阵乘法 Ax。我们可以问以下问题：有没有一个数字 λ 可使乘法 λx 和 Ax 具有相同的结果？换句话说，使

$$Ax = \lambda x \tag{8.1}$$

如果存在这样的 λ，那么我们说它是矩阵 A 的特征值，并且 x 是它的一个特征向量。当开始考虑应用矩阵 A 的线性变换时，我们就会对这些量感兴趣了。

线性变换是两个向量空间之间的函数，它保留了加法和标量乘法的运算。简单地说，一个线性变换，例如把直线变成直线或到一个点，可以用来说明如何拉伸或旋转一个对象。

特征值和特征向量的使用使得线性变换更容易理解。特征向量可以看作沿着它的方向线性变换（拉伸、压缩）或翻转对象，而特征值实际上是发生这种变化的因子。这样，特征值就表征了线性变换的重要特性，例如线性方程组是否有唯一解，它们也可以描述数学模型的特性。

⊖　有关维度诅咒可参见 3.9 节。

⊖　Hilbert, D. (1904). Grundzüge einer allgeminen Theorie der linaren Integralrechnungen. (Erste Mitteilung). *Nachrichten von der Gesellschaft der Wissenschaften zu Göttingen, Mathematisch-Physikalische Klasse*, 49–91

注意，式（8.1）意味着我们可以通过用合适的特征向量乘以特征值来恢复矩阵乘法的结果。一旦分解了矩阵，这些片段就可以用于其他算法的建模步骤。在降维的情况下，分解通常作为预处理步骤以便更好地理解我们正在处理的数据，一个典型的例子就是无监督学习任务。

降维的学习目标是在尽可能有意义的基础上使用数据。这可以通过选择特征的子集并从中创建新的特征来实现（如果愿意，可以把它想象成更有意义的坐标）。在无监督的方式下，我们只考虑数据点本身，而不考虑它们的标签（如果存在）。我们希望移除不提供信息的数据，使得我们在新数据上能够获得更好的泛化和模型性能。

对于使用矩阵 B 表示的具有 M 个记录和 N 个特征的数据集，我们感兴趣的是找到一个矩阵 B 的 d 维表示，$d<<N$ 并且基于特定的标准，这个 d 维矩阵包含原始数据集的信息。线性降维是基于对数据进行线性投影的概念：

$$b = U^{\mathrm{T}}B \tag{8.2}$$

其中 b 是原始矩阵 B 的投影，具有 d 维。投影是通过定义一个 d 维线性子空间 $N \times d$ 维矩阵 U 来实现的。最终我们根据 U 来实现不同的降维方法。

在进行更详细的介绍之前，先提供一个例子来说明降维的用法。为了简单起见，考虑具有图 8.1 所示的 $\{x_1, x_2\}$ 特征的二维空间中的数据。如果要进行特征选取，且只专注于特征 x_1，确实会减少数据集的维度。然而，我们需要问自己，忽略 x_2 的同时是否已经丢失了有意义的信息。

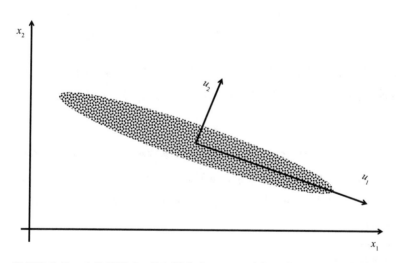

图 8.1　数据降维的一个简单说明。从原始集合 $\{x_1, x_2\}$ 中提取特征 $\{u_1, u_2\}$ 使我们能够更有效地表示数据

从图 8.1 可以看出，数据在两个特征 x_1、x_2 上都有显著变化。只关注 x_1 会造成大量信息丢失。

现在让我们考虑坐标转换到图 8.1 中所示的特征 $\{u_1, u_2\}$。这些新的特征由原始集合 $\{x_1, x_2\}$ 的线性组合得出：

$$u_1 = a_1 x_1 + a_2 x_2 \qquad (8.3)$$
$$u_2 = b_1 x_1 + b_2 x_2 \qquad (8.4)$$

在这个新的表示中，可以将注意力集中在提取出来的特征 u_1 上。在这种情况下，我们确实是在降低维度（从二维降至一维），并且最重要的是忽略 u_2 所导致的信息丢失比前一个例子中少得多。这是因为数据沿着 u_1 的分布比沿着 u_2 的分布更大。换句话说，后一种特征的方差更小。

现在我们可以用新的数据表现形式，只关注特征 u_1。我们还可以应用其他算法：线性回归、聚类、决策树等。值得强调的是，新的特征 u_1 现在是原始特征 x_1 和 x_2 的组合，如式（8.4）所示。根据数据的本质，对提取出来的特征 u_1 的演绎可能很简单，也可能不简单，但毫无疑问的是建模部分将变得更加高效。

8.2　主成分分析

主成分分析（PCA）是一种常用的降维方法，广泛应用于探索性分析、数据压缩和特征提取等领域，其应用范围从大脑拓扑结构[一]到季节性分析[一]。它利用正交变换将原始数据集的 N 坐标转化为一个新的坐标系统，称为主成分。该技术的目的是使用主成分提供的简化的子空间，以保持数据的大部分可变性。

对主成分进行排序，排名第一的主成分对方差的贡献最大。接下来，其余的每个主成分对数据集的可变性都做出了贡献。由于变换是正交的，所以每个分量彼此之间不相关。正交性约束来自于主成分是协方差矩阵的特征向量这一事实。当仅使用那些对数据集的方差贡献最大的主成分来表示数据时，维数缩减就开始了。

如前所述，矩阵 A 的 PCA 相当于对矩阵 A 的协方差矩阵进行特征值分解。协方差

[一] Duffy, F. H. et al. Unrestricted principal components analysis of brain electrical activity: Issues of data dimensionality, artifact, and utility. *Brain Topography 4*(4), 291–307

[一] Rogel-Salazar, J. and N. Sapsford (2014). Seasonal effects in natural gas prices and the impact of the economic recession. *Wilmott 2014*(74), 74–81

矩阵提供了两组有序数据中相应元素向同一方向移动的程度的总结。PCA 可以应用于任意维度的矩阵，但要记住协方差矩阵是对称的$^{\ominus}$。

对于矩阵 A，可以计算每个列的平均值并创建矢量 $\boldsymbol{\mu}$。我们将协方差矩阵定义为：

$$V = E\left[(A-\mu)(A-\mu)^{\mathrm{T}}\right] \tag{8.5}$$

该矩阵的 V_{ij} 元素对应 A 的协方差的 i 行 j 列：

$$V_{ij} = E\left[(A_i - \mu_i)(A_j - \mu_j)^{\mathrm{T}}\right] = \sigma_{ij} \tag{8.6}$$

特别地，矩阵 V 的对角元素是 A 分量的方差：

$$V_{ii} = E\left[(A_i - \mu_i)^2\right] = \sigma_i^2 \tag{8.7}$$

协方差矩阵 V 的特征值都是正实数，对应于不同特征值的特征向量是正交的。这意味着可以将矩阵 V 分解为：

$$V = Q\Lambda Q^{\mathrm{T}} = \sum_{i=1}^{n} \lambda_i \vec{q}_i \vec{q}_i^{\mathrm{T}} \tag{8.8}$$

其中 Q 是 A 的特征向量，并且矩阵 Λ 中的值是相应的 A 的特征值。

协方差矩阵为我们提供了关于数据集的分布（方差）和方向的信息。如果我们对提供最大变化量的数据感兴趣，只需要找到数据最大分布的方向即可。协方差矩阵的最大特征向量会指向期望的方向，其特征值与该分量所说明的方差量有关。反过来，第二大特征向量与第一大特征向量正交，并指向数据中第二大变化的方向，依次类推。

通常使用碎石图来表示成分相关联的特征值。我们在图 8.2 中展示了 6 个成分及其对应特征值的碎石图示例。碎石图可以提供需要保留多少主成分的指示。理想情况下碎石图显示了一个陡峭的向下曲线：在图中最陡峭的部分是要保留的成分。这有时被称为肘部法则。

$\ominus$　对称矩阵是一个转置矩阵等于其自身的方阵。

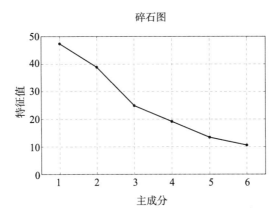

图 8.2　碎石图示例，显示了 6 个不同主成分对应的特征值

8.2.1　PCA 实践

我们将对图 8.3 所示的鹿角兔的图片[⊖]使用 PCA。它可以在 https://dx.doi.org/
10.6084/m9.figshare.2067186.v1 上找到。我们将看到主成分分析如何在图像压缩中使用：
我们将使用越来越多的成分来重建图像。可以通过 matplotlib 将 PNG 文件读入 Python：

```
%pylab inline
from numpy import mean, size
A = imread(r'JRogel_Jackalope.png')
```

其中，使用 imred 方法将图像从文件读入数组。

大小由矩阵 A 的形状给出：

```
> print(shape(A))
(1880, 1860, 4)
```

可以看到，1860 像素 ×1880 像素的图像放置在 4 个数组堆中。前 3 个数组中的每
一个都对应于图像的红色（R）、绿色（G）和蓝色（B）通道，第 4 个是 alpha 通道（或透
明度）。在这种情况下，由于图像是黑白的，RGB 值是相似的，为了简单起见，我们将
使用由 4 个数组的平均值组成的单个数组：

```
A1 = mean(A,2)
```

⊖　Rogel-Salazar, J. (2016b, Jan). Jackalope Image.10.6084/m9.figshare.2067186.v1

我们知道成分的总数目是由原始数据集给出的：

```
> full_pc = size(A1, axis=1)
> print(full_pc)
1860
```

这里取矩阵列的大小，例如 axis=1。

图 8.3　用于图像处理的鹿角兔的轮廓线

我们感兴趣的是能否通过 PCA 使用更少分量来重建图像。我们将编写一个使用小于 full_pc（在本例中为 1860）的成分的脚本，并将重构后的图像与原始图像进行可视化比较。

PCA 分解可以通过 Scikit-learn 中的 decomposition 模块来实现：

```
from sklearn import decomposition
```

.PCA() 函数通过 n_components 参数来告诉算法它所要保持的成分的数目。如果不提供该参数，则保留所有成分。在本例中，将看到图像在保持 500 个成分数目下进行重建的效果。首先，会通过 fit 方法为 PCA 模型匹配一个指定的要保留的成分数目，然后使用 inverse_transform 方法重建图像，并去掉轴上的 ticks，最后显示结果：

```
components = range(0,600,100)
fig=plt.figure()
```

```
for i, num_pc in enumerate(components):
    i+=1
    pca = decomposition.PCA(n_components=num_pc)
    pca.fit(A1)

    Rec = pca.inverse_transform(pca.transform(A1))
    ax  = fig.add_subplot(2,3,i,frame_on=False)
    # removing ticks
    ax.xaxis.set_major_locator(NullLocator())
    ax.yaxis.set_major_locator(NullLocator())
    imshow(Rec)
    title(str(num_pc) + ' PCs')
    gray()
```

结果如图 8.4 所示。很明显，即使使用 100 个成分，图像也是可识别的，当保存 500 个成分时，可以清楚地分辨出图像中一些细微的特征，例如鹿角兔耳朵上的白色条纹。

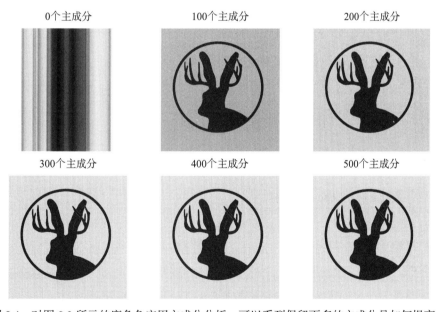

图 8.4　对图 8.3 所示的鹿角兔应用主成分分析。可以看到保留更多的主成分是如何提高图像的分辨率的

可以通过 explained_variance_ratio_ 函数模型求得各个主成分方差值和其比例。

```
pca1 = decomposition.PCA()
pca1.fit(A1)


var_ratio = pca1.explained_variance_ratio_
```

我们在图 8.5 所示的碎石图中显示这些值，可以看到明显的肘部曲线，这表明用 8
个成分足以解释图像中的变化。

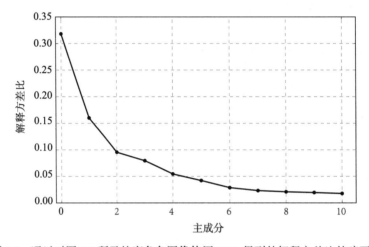

图 8.5 通过对图 8.3 所示的鹿角兔图像使用 PCA 得到的解释方差比的碎石图

8.2.2 PCA 在鸢尾花数据集中的应用

现在让我们将 PCA 应用于鸢尾花数据集，并在逻辑回归分类器中使用降维后的数
据。和往常一样，将数据集加载到适当的数组中：

```
from sklearn import datasets


iris = datasets.load_iris()


X = iris.data
Y = iris.target
```

首先将数据分成训练数据集和测试数据集：

```
import sklearn.model_selection as ms


XTrain, XTest, YTrain, YTest =\
```

```
ms.train_test_split(X, Y,\
test_size= 0.3, random_state=7)
```

在这个案例中，只有 4 个特征：萼片长度、萼片宽度、花瓣长度和花瓣宽度。在训练集中进行主成分分析，了解主成分解释的方差，结果如图 8.6 所示。正如所看到的，也许有一两个成分就足以解释这个数据集中的方差。

```
from sklearn import decomposition

IrisPCA=decomposition.PCA()
Iris_Decomp = IrisPCA.fit(XTrain)
X_Decomp = Iris_Decomp.transform(XTrain)
var_ratio = IrisPCA.explained_variance_ratio_
```

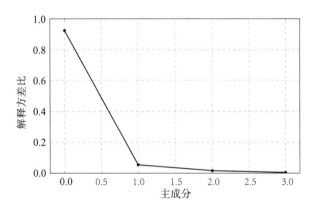

图 8.6　将 PCA 应用于鸢尾花数据集中的 4 个特征得到的解释方差比的碎石图

可以先使用 PCA 提取感兴趣的特征（只需要将 PCA 分解应用于数据。记住要对模型进行拟合和转换），然后在之后的分类任务中使用它们。在这个案例中，我们使用逻辑回归。让我们来探讨一下如何使用 Scikit-learn 将特征提取链接到逻辑回归估计器，同时搜索要使用的最佳参数。可以在 Pipeline 的帮助下完成这些工作，Pipeline 依次应用一个转换和估计器列表。为了达到目的，需要将 PCA 和 LogisticRegression 链接起来：

```
from sklearn import linear_model
from sklearn.pipeline import Pipeline

logistic = linear_model.LogisticRegression()
pca = decomposition.PCA()
```

```
pipe = Pipeline(steps=[('pca', pca),\
('logistic', logistic)])
```

Pipeline 中的步骤表示我们期望执行的转换或表明要执行的模型。我们还提供了一个名称（以字符串形式引入）用于引用 Pipeline 中的各个步骤。在此基础上，我们将找寻要保留的成分的数量（通过 PCA），以及逻辑回归中使用的正则化强度的倒数⊖。

```
from sklearn.model_selection import GridSearchCV

n_components = list(range(1,3))
Cs = np.logspace(-2,4,100)
```

现在可以使用 10 次折叠的 *k* 折交叉验证进行搜索（我们需要将 Pipeline 传递到 GridSearchCV 命令）：

```
Iris_cls = GridSearchCV(pipe,\
dict(pca__n_components=n_components,\
logistic__C=Cs), cv=ms.KFold(n_splits=10))
```

使用管道来拟合模型：

```
> Iris_cls.fit(XTrain, YTrain)
> print(Iris_cls.best_params_)

{'pca__n_components': 2,
'logistic__C': 114.97569953977356}
```

可以看到，搜索结果表明使用 2 个成分并且参数 C 的值约等于 114.98 时能够提供最好的评估值。让我们使用这个结果来获取预测：

```
y_pred = Iris_cls.predict(XTest)
```

最后，通过分类器对测试集的预测，我们得到一个三向混淆矩阵：

```
> from sklearn.metrics import confusion_matrix
> confusion_matrix(YTest,y_pred)
```

⊖ 请参阅 6.3.2 节关于逻辑回归的讨论。

```
array([[12,  0,  0],
       [ 0, 13,  3],
       [ 0,  3, 14]])
```

8.3 奇异值分解

通过 PCA 来分析数据是数据科学家工具箱中的一个强大的工具。然而，当数据初始维度非常大时 PCA 可能不适用。在 8.2.1 节中提到的图片处理的例子中，图片的分辨率非常高：对于百万像素的图片，有 $N \geqslant 10^6$，协方差矩阵将会 大于等于 10^{12}。从本质上讲，这并不是一项不可能完成的任务，但也许其他方法可能更合适和有效。

其中一种方法是奇异值分解（SVD），其优点是可以提供任何矩阵的精确表示，并且对我们来说最重要的是，它可以消除不太重要的数据部分。因此，它能创建一个与我们所选择的维数近似的表示。换句话说，它是另外一种适合降维的方法，也适用于本章后面将要讨论的其他应用。

让我们考虑一个 $M \times N$ 的矩阵 A，我们定义矩阵的秩 r 为最大的线性无关的行（或列）的数目。可以将矩阵 A 分解为：

$$A = U\Sigma V^{\mathrm{T}} \tag{8.9}$$

其中 U 是一个 $M \times r$ 的列正交矩阵，Σ 是一个 $r \times r$ 对角矩阵，其元素称为奇异值，最后 V 是一个 $N \times r$ 列正交矩阵。U 和 V 的列称为矩阵 A 的奇异向量。在图 8.7 中，展示了奇异值分解的图解表示。

A 的奇异向量为 AA^{T} 和 $A^{\mathrm{T}}A$ 提供了标准正交基。SVD 的过程包括计算 AA^{T} 和 $A^{\mathrm{T}}A$ 的特征值和特征向量。在 Σ 中的奇异值等于 U（或者 V）的特征值的平方根的降序排列。从图 8.7 中可以看到，奇异值的数量等于 A 的秩 r。

SVD 让我们能够通过用对角的协方差矩阵对原始数据进行重新呈现，而且这比一个完的矩阵更容易处理，正如 PCA 中的情况一样。那么，降维在哪里呢？我们认为这个问题在于找到一个秩为 r 的 A 的近似矩阵 $\tilde{A}$。这个问题可以通过把 A 的最小的奇异值设置为零来解决。这就意味着 U 和 V 中相应的行都会被消除。而且可以证明，除了降维之外，这个过程还可以最小化 A 和它的近似矩阵的均方根误差⊖。

⊖ Golub, G. and C. Van Loan (2013). *Matrix Computations.* Johns Hopkins Studies in the Mathematical Sciences. Johns Hopkins University Press

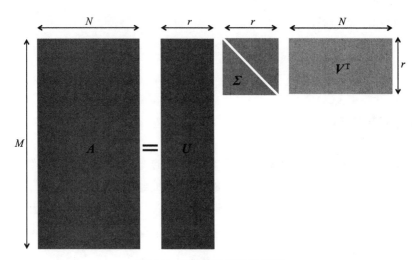

图 8.7　奇异值分解的示意图

通过 SVD 实现降维是文档分析中使用的一些技术的基础，例如潜在语义分析（LSA），其中使用术语 – 文本矩阵⊖作为活动的线性无关成分的基础。这些成分可以认为是原始数据中隐藏的或者潜在的概念，故此得名。应用 SVD 之后，单词通过 U 的行来表示，而文档则通过 V 的行来表示。文档的相似度可以通过比较 $V\Sigma$ 的行获取。类似的应用可以在推荐系统的设计中看到，我们将在 8.4 节中进一步讨论。

SVD 实践

下面将给出奇异值分解在数据压缩和降噪方面的应用，以更好地说明其作用。考虑一个如图 8.8 所示的像素化的字母 J 的图像。正如所看到的，可以用 4 种不同类型的像素列构造图像。由此可见，我们可以更有效地表示相同的数据。

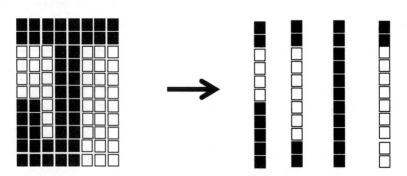

图 8.8　字母 J（左边）及其列组成部分（右边）的图像

⊖　在 6.4.1 节中，我们得到了一个与朴素贝叶斯分类器一起使用的术语 – 文本矩阵。

让我们用 Python 的数组构建一个如图 8.8 所示的带有噪点的字母 J 的图像，使用 250 像素 ×150 像素，即共有 37 500 像素来表示这个字母：

```
%pylab inline
import matplotlib.pyplot as plt
import numpy as np

M = np.zeros((250,150))
M[:31,:]=1
M[:,60:91]=1
M[-31:,:60]=1
M[150:,:31]=1
```

我们甚至可以给图像添加一些随机噪音。噪音可以通过 random.uniform 命令随机产生：

```
M_noisy = np.asmatrix(np.random.uniform(low=0,\
high=0.7, size=(250,150)))

M_noisy = M + M_noisy
```

此处我们创建了一个 0 ~ 0.7 之间的随机元素的矩阵。

NumPy 中的线性代数模块包含 SVD 的实现。有了它，可以很容易地将该方法应用到噪声矩阵：

```
U, s, V = np.linalg.svd(M_noisy)
```

如图 8.9 所示，可以看到从上面的操作中得到的前 10 个奇异值。很明显，在第 4 个分量之后，曲线变平坦了。

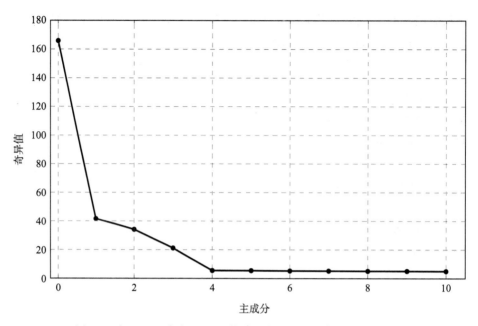

图 8.9　在 Python 中应用 SVD 构建的字母 J 的图像得到的奇异值

将它们放在一个脚本中，奇异值成分数量为 1 ～ 4，看看是否能够用更少的像素重建图像并且减少噪声：

```
for S in range(1,5):

    Sig = mat(np.eye(S)*s[:S])


    U_reduced = U[:,:S]
    V_reduced = V[:S,:]


    M_rec = U_reduced*Sig*V_reduced
```

其中，mat 命令将结果解析为矩阵，而 eye 对应表示单位矩阵的数组，M_rec = U_reduced*Sig*V_reduced 用于去掉不需要的列。

上述重构过程的结果如图 8.10 所示。每个面板表示使用不同数量的成分重构。可以看出，使用 4 个奇异值得到了很好的结果。

从重构图像所使用的元素的数量上来看，只需要 1604 个：要有 4 个奇异值，250×4 的 U_reduced 矩阵中的 1000 个元素，4×150 的 V_reduced 矩阵中的 600 个元素。与原始的 37 500 个元素相比，数量明显减少，同时降低了图像中的噪音，这一点在对比图 8.10 中的第一幅和最后一幅图片时可以清楚地看到。

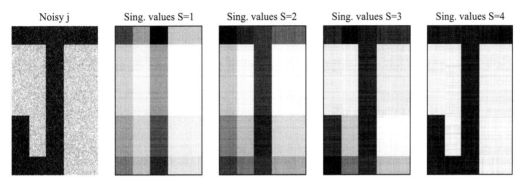

图 8.10　用通过 SVD 得到的 1 ～ 4 个奇异值重构原始的带有噪音的字母 J（最左边）

上面的例子是 SVD 对更复杂图像的一个简单应用，当然也适用于其他数据。例如，我们可以考虑它在回归中的使用，在回归中，一个特征和目标变量之间存在明显的线性关系，其中就可能会有小的噪声误差。奇异值分解可以使我们确定数据对齐的方向，并可以安全地忽略其余的奇异值。SVD 可用于检测数据中的分组。这对于确定数据实例之间的相似性非常有用。这种模式检测被应用于构建推荐系统，在下一节中我们将探讨一些重要的概念。

8.4　推荐系统

我们知道网上商店可以提供各种产品，包括家居用品、书籍、音乐、电影等。其中有一些比其他商家更专业，而且它们有一个共同点：对继续与客户保持联系很感兴趣。继续参与到这些服务中的一个方法是获取有意义的推荐。

体现这类应用的重要性的一个例子是 2006 年著名的 Netflix 竞赛$^{\ominus}$，它向能够改进推荐引擎的人提供 100 万美元的奖励。2009 年的获奖作品使该系统性能提高了 10%。然而，由于所需的工程工作，该解决方案并未真正实现。

想象一下这样的情况：你对一种流媒体服务感兴趣，它可以让你在喜欢的设备上播放视频。你创建了自己的账户，并以推荐的形式展示了该服务提供的一些最流行的产品。服务提供者感兴趣的是预测你对尚未评级的项目的可能的评级。如果预测得出的评

　　$\ominus$　Töscher, A. and M. Jahrer (2009). The BigChaos solution to the Netflix grand prize. http:// www.netflixprize. com/assets/ GrandPrize2009_BPC_BigChaos. pdf

价很高，那么这个产品就可以放在推荐列表中让你关注。

听起来不错，但是评级是如何产生的呢？服务提供者将使用所提供项目的信息，以及来自其他用户及其特征的信息来尝试预测评级。在某些情况下，甚至可以利用社交网络分析。现在有两个主要过滤方式：

- 基于内容的过滤，其中事物使用其属性映射到特征空间。这些推荐取决于事物的特征。
- 协同过滤则考虑来自其他用户为特定事物提供的评级的数据。这些推荐取决于用户表达的喜好。

8.4.1　基于内容的过滤实践

基于内容的过滤要求我们指定数据库中所描述的事物的属性或特征。我们还需要获得用户对这些特征的打分。然后，可以用特征空间中的向量表示用户和事物。事物的向量提供了一种度量方法，用于度量所讨论的每个特征描述的程度。类似地，用户向量衡量了用户对每个特征的偏好。我们可以假设用户会喜欢与他们表现出的偏好相似的事物。

通过 3.8 节中关于相似度度量的讨论，我们知道余弦相似度提供了一种方便的定义相似度的方法。在这种情况下，评分可以通过取用户和事物向量的点积除以它们的规范乘积来获得。让我们来看一个例子，尽管这个例子过于简单，但它将让我们看到基于内容的推荐是如何工作的。假设我们已经建立了一个流媒体服务，我们的目录中总共有 5 部电影：《克罗诺斯》(《Cronos》, 1993)、《布莱恩的生活》(《Life of Brian》, 1979)、《永无止境的故事》(《The Never-Ending Story》, 1984)、《匹诺曹》(《Pinocchio》, 1940) 和《泰坦尼克号》(《Titanic》, 1997)。

我们将考虑的特征空间包括票房收入、儿童电影的适宜性和奥斯卡获奖影片。这些特征的得分 (1～5) 如表 8.1 所示。

表 8.1　构建基于内容过滤的推荐系统时考虑的影片

ID	影　　片	票 房 收 入	儿童电影的适宜性	奥斯卡获奖影片
1	Cronos	2	1	1
2	Life of Brian	3	3	1
3	The Never-ending Story	2	5	1
4	Pinocchio	3	5	5
5	Titanic	5	2	5

现在，可以看看 Python 用户对数据库中所描述电影的 3 个特征所表达的偏好。用户打分如表 8.2 所示。让我们通过获取用户和电影评分向量的余弦相似度来计算 Graham 给 Cronos 的评分的预测：

表 8.2   数据库中用户提供的关于用于描述电影的 3 个特征的分数

ID	用　　户	票 房 收 入	儿童电影的适宜性	奥斯卡获奖影片
a	Graham	4	2	5
b	Terry G.	1	2	2
c	Eric	5	4	4
d	John	4	3	1
e	Michael	3	2	5
f	Terry J.	1	1	4

$$
\begin{aligned}
\text{Sim}_{\text{Graham-Cronos}} &= \frac{(4\times2)+(2\times1)+(5\times1)}{\sqrt{4^2+2^2+5^2}\sqrt{2^2+1^2+1^2}} \\
&= \frac{15}{\sqrt{45\times6}} \\
&= 0.9128
\end{aligned}
\tag{8.10}
$$

看来《Cronos》的确很符合 Graham 的喜好。我们显示如下函数，它接收存储在 Pandas dataframes 中的电影和用户作为输入信息。

```python
import numpy as np, sys
def content_recomm(user, user_df, film_df):
    # 检查用户是否存在，否则终止执行
    try:
        u = user_df.loc[user][1:].values
    except:
        print(''Error: User does not exist '',\
        sys.exc_info()[0])
        sys.exit(1)
    # 取用户向量的范数
    u_norm = np.linalg.norm(u)
    film_recom = []
    # 接下来我们取每个事物向量并用它们计算余弦相似度
    for row in range(shape(film_df)[0]):
        f_name = film_df.index[row]
```

```
        f = film_df.ix[:,1:].iloc[row].values
        f_norm = np.linalg.norm(f)
        s = np.dot(u, f)/(u_norm*f_norm)
        if s>0.8:
            film_recom.append((f_name, s))
            # 在检查阈值之后, 对推荐进行排序并得出报告
    film_recom = sorted(film_recom,\
    key=lambda x: x[1], reverse=True)
    return film_recom
```

在上面的代码中, 我们传递用户名 (一般来说, 称 ID 更合适), 并计算用户数据库中影片的余弦相似度, 然后只给出那些余弦相似度大于 0.8 的电影。

将该函数应用到如下数据集:

```
import pandas as pd

films = pd.read_csv(u'./Data/FilmCB.csv',\
index_col=1)
users = pd.read_csv(u'./Data/UsersCB.csv',\
index_col=1)


r1 = content_recomm('Graham', users, films)
r4 = content_recomm('John', users, films)
r6 = content_recomm('Terry J.', users, films)
```

假设数据存储在合适的 CSV 文件中, content_recomm 函数可以应用于每个用户。让我们来看看关于 Graham 的结果 (有 3 个推荐信息):

```
print(r1)

[('Titanic', 0.99401501176863483),
 ('Cronos', 0.9128709291752769),
 ('Pinocchio', 0.91214859859201181)]
```

可以看到, 推荐给 Graham 的前 3 部电影按照余弦相似度的降序排列是《 Titanic 》

《Cronos》《Pinocchio》。对于 John 和 Terry J，可以做同样的事情。对于 John，我们 5 部电影都推荐，从《Life of Brian》（0.989 8）开始，然后是《Cronos》（0.960 7）。而对于 Terry J，我们只有两个建议：《Titanic》（0.866）和《Pinocchio》（0.859 2）。

基于内容的过滤在对要推荐的事物的属性有清晰的描述以及用户提供了明确偏好的情况下非常有效。然而，它也有一些重要的缺点：

- 我们需要将每个事物映射到一个特征空间。通常，特征空间可能相当大，而且映射过程非常耗费资源。
- 获得的建议范围非常有限，因为事物必须彼此相似。
- 必须获得用户偏好才能处理推荐。这就是所谓的冷启动问题。因此，很难向通常没有提供评分信息的新用户提供推荐。
- 过滤的性质使得获取跨内容推荐变得困难。这是因为它可能需要对来自不同特征空间的事物进行比较。

8.4.2　协同过滤实践

协同过滤的主要假设是，用户从其他具有相似偏好的用户的推荐中获得价值。在基于内容的过滤中，我们使用事物的相似度来决定推荐什么，而在协同过滤中，我们使用一个效用矩阵，它的元素是用户提交的关于所提供事物的偏好。

我们可以采用多种方法来构建推荐体系。例如，可以查看效用矩阵中的评分，以创建一个矩阵来详细描述物品之间的相似性。这种方法称为基于物品的协同过滤或基于内存的协同过滤，用户收到的推荐信息基于用户过去高度评分的其他物品产生。这种方法可以看作基于用户所提供的评分的聚类项。要注意的是这种基于物品的过滤与基于内容的过滤不同，因为我们没有将物品的属性映射到特征空间。

另一种可选的方法是基于模型的协同过滤，不同于寻找物品之间的相似度，我们把效用矩阵看作两个更薄的矩阵 U 和 V 的乘积，将潜在的概念封装在数据中。效用矩阵可以理解为单个用户对特定可用物品的评分。

让我们考虑如表 8.3 所示的效用矩阵，它详细描述了用户为一套书籍提供的条目（1～10），这套书籍包括《I Robot》（I Asimov，1950）、《The Martian》（A Weir，2011）、《Do Androids Dream of Electric Sheep?》（P K Dick，1968）、《2001 Space Odyssey》（A C Clarke，1968）和《Solaris》（S Lem，1961）。表中的问号表示用户尚未提供评分的条目。缺失值的出现是因为用户数量可能比书籍数量多得多，而且用户只对

所提供的书籍中的一小部分进行评分。

表 8.3　用户与书籍，用于协同过滤的效用矩阵。我们需要估计用问号标记处的分数

用　户	I Robot	The Martian	Do Androids Dream of Electric Sheep?	2001 Space Odyssey	Solaris
Alice	8	2	10	5	1
Bob	4	?	2	10	9
Carl	3	8	4	9	10
Daniel	5	10	4	9	10
Eve	7	2	9	6	?

在这种情况下，我们对重构效用矩阵的兴趣不如 8.3 节中讨论的例子那样。我们感兴趣的是估计矩阵中缺失的值。典型的应用是使用非常稀疏的矩阵。

我们的想法是这样的，如果用户没有给某个物品打分，很可能是因为他们没有机会去"体验"它。如果估计值很高，则该物品是向该特定用户推荐的很好的备选。使用 SVD 可以找到那些丢失的值，而不必像我们将看到的那样确定所有丢失的分数。

记住，SVD 将矩阵 A 分解为：

$$A = U\Sigma V^{\mathrm{T}} \tag{8.11}$$

我们可以把 U 看作一个矩阵，其中用户被表示为包含线性无关分量的行向量。同样，矩阵 V 对应于表示为物品的线性无关的行向量。对于第 i 个用户，我们可以定义行向量问题：

$$p_i = U_i \sqrt{\Sigma}^{\mathrm{T}} \tag{8.12}$$

类似地，对于第 j 个物品有：

$$q_i = \sqrt{\Sigma} V_j^{\mathrm{T}} \tag{8.13}$$

这样第 i 个用户对第 j 个物品的评分是：

$$r_{ij} = p_i q_j^{\mathrm{T}} \tag{8.14}$$

这适用于全矩阵，但在这个例子中处理的是稀疏矩阵[⊖]。如果将初始值赋值为 0，可

⊖　冷启动问题将导致稀疏矩阵。

以有效地表明用户肯定不会喜欢这个物品。一些潜在的解决方案包括通过减去用户的平均评分来规范化评分，或者就像在本例中所做的那样，取相关物品的平均评分。

我们想要最小化的目标函数可以表示如下[⊖]：

$$\min_{\boldsymbol{p}^*,\boldsymbol{q}^*} \sum_{(i,j)} \left(r_{ij} - \mu - \boldsymbol{p}_i \boldsymbol{q}_j^{\mathrm{T}} \right)^2 + \lambda \left(\left| \boldsymbol{p}_i \right|^2 + \left| \boldsymbol{q}_j \right|^2 \right) \tag{8.15}$$

其中 μ 是上面提到的平均值，λ 是控制正则化的数量的超参数。

请注意，这个优化问题中有两个未知数，即 $\boldsymbol{p}$ 和 $\boldsymbol{q}$，并且无法保证是凸函数。进一步的讨论超出了本书的范围，建议阅读更多关于解决这个问题的方法的资料，例如交替最小平方（alternating least squares[⊖][⊜]）。

在这种情况下，我们将用一种简单的方法（请谨慎使用）来找到 Bob 给《The Martian》的评分，以及 Eve 给《Solaris》的评分（见表 8.3）。从存放表 8.3 中的数据的 CSV 文件开始，可以将信息加载到 Pandas 的 dataframe 中。我们仍然需要处理冷启动问题，因为 SVD 方法无法处理丢失的数据。在这种情况下，我们将用其他用户提供的平均分数来初始化缺失值：

```
import pandas as pd
import numpy as np


A = pd.read_csv(u'./Data/CF_Table.csv',\
index_col=0, na_values=['?'])


A.fillna(A.mean(), inplace=True)
```

在上面的代码中，我们可以通过 na_value 方法假设缺失值在逗号分隔值文件（CSV）中用问号表示，如表 8.3 所示。我们将数据加载到 Pandas 的 dataframe 中，并指定遇到的任何问号都由 NaN 替换，以便软件能适当地处理丢失的数据。在本例中，我们使

[⊖] 我们试图最小化的目标函数是由上面定义的矩阵分解给出的。

[⊖] Takács, G. and D. Tikk (2012). Alternating least squares for personalized ranking. In *Proceedings of the Sixth ACM Conference on Recommender Systems,* RecSys'12, New York, NY, USA, pp. 83–90. ACM

[⊜] Hu, Y., Y. Koren, and C. Volinsky (2008). Collaborative filtering for implicit feedback datasets. In *Proceedings of the 2008 Eighth IEEE International Conference on Data Mining,* ICDM'08, Washington, DC, USA, pp. 263–272. IEEE Computer Society

用 .fillna 方法将缺失值替换为每个物品的平均得分。请注意，替换要求在适当的地方进行。在本例中，Bob 对《The Martian》的初始评分为 5.5，而 Eve 对《Solaris》的初始评分估计为 7.25。

现在让我们写一个函数，使用 SVD 来改进预测的分数：

```python
import sys

def cf_recomm(user, book, dat, S=2):
    # 检查用户（或物品）是否存在，否则终止执行
    try:
        uind = dat.index.get_loc(user)
        bind = dat.columns.get_loc(book)
    except:
        print(''Error: User/item doesn't exist'',\
        sys.exc_info()[0])
        sys.exit(1)
        # 分数能使用效用矩阵的相关部分来获得，不需要计算整个乘法
    else:
        uind = dat.index.get_loc(user)
        bind = dat.columns.get_loc(book)


    # 将SVD应用于数据，降低了维数。我们使用的最小值是S = 2
    U, s, V = np.linalg.svd(dat)
    Reduced_Sig = np.mat(np.eye(S)*s[:S])
    U_reduced = U[:, :S]
    V_reduced = V[:S, :]
    # 我们使用简化矩阵来得到估计值
    recom = U_reduced[uind, :]*Reduced_Sig*\
    np.mat(V_reduced[:, bind]).T

    return recom.item(0)
```

现在我们可以使用函数来确定分数[⊖]：

⊖ 我们只需要向函数提供矩阵 A 中的相关行和列来计算估计值。

```
> bob_score = cf_recomm('Bob', 'The Martian', A)

> eve_score = cf_recomm('Eve', 'Solaris', A)

> print(bob_score)


7.233127706402881


> print(eve_score)


5.323332988443551
```

结果表明，Bob 为《The Martian》的评分为 7.23 分，而 Eve 对《Solaris》的评分为 5.32 分。然后，可以考虑建议 Bob 阅读《The Martian》，而向 Eve 推荐其他的图书而不是《Solaris》。SVD 使我们能够将表 8.3 所示的效用矩阵分解为用户评价高或低的潜在特征。例如在本例中，这些潜在的特征可能是一些书籍的主题，比如智能机器人或太空探索。

请注意，在上面的示例中，除了使用 SVD 在效用矩阵中查找丢失的值之外，我们没有进行任何进一步的优化，甚至没有考虑使用交叉验证。Python 有许多推荐系统的实现，建议参考 Pysuggest、Crab 和 Python-recsys 的相关资料。

使用基于模型的协同过滤的推荐系统非常灵活，在使用时需要考虑以下几点：

- 构建有意义的效用矩阵需要大型数据集。
- 获得的效用矩阵非常稀疏。
- 必须考虑欺诈攻击的可能性。欺诈攻击是指恶意用户为自己的产品提供大量虚假的正面评价，而对竞争对手提供非常负面的评价，从而扭曲推荐的结果。
- 一个新用户的初始值可能不存在，因此许多数据都需要解决这个冷启动问题。使用隐式反馈是解决这一问题的一种方法。

8.5 总结

在 3.9 节中引入的维度诅咒是任何数据科学建模都必须考虑的一个重要问题，特别是在使用更大的数据集引入了大量维度的情况下。本章一开始就介绍了一些可以降低维度的技术，这是任何数据科学家不应该放弃的。

很明显，使用描述数据科学问题的最重要的特征进行建模是我们在工作流中建模的最佳的方法。因此，在拥有大量特征的情况下，仔细地选择特征可以提供很大的帮助。另一种方法是抽取特征。这可能有助于在减少维度的数量的同时传递尽可能多的有用信息。

在主成分分析中，对于给定的一个特征矩阵 A，我们感兴趣的是对协方差矩阵进行特征值分解。这是因为我们想要获得数据最大可变性的表示（方向）。从主成分分析获得的特征值与每个相关特征向量或成分的方差量有关。这使我们能够用更少的特征来表示数据集，甚至可以解决有噪音数据的问题。

本章我们看到的另一种方法是直接对矩阵 A 进行奇异值分解。该方法提供了矩阵的精确表示，并使我们能够消除不太重要的数据。这是通过设置最小奇异值为零来找到一个原始矩阵的相似矩阵 $\tilde{A}$ 实现的。这个过程消除了 U 和 V（成分矩阵）的对应行。我们还讨论了如何将奇异值分解应用于构建推荐系统。

一般来说，降维能够帮助我们：

- 减少计算成本。
- 减少数据集中的噪音。
- 增加预测的概括性。
- 减少过度拟合。
- 增强对数据和模型结果的理解。

第 9 章

内核秘诀：支持向量机

对于任何一个鹿角兔数据科学家来说，可怕的维度诅咒是一个强硬的对手。幸运的是，我们现在知道有很多工具可以对付它：从特征选择到降维。在上一章中，我们看到了如何使用 PCA 和 SVD 来减少问题中的特征数量。这种维度减少是通过保存尽可能多的信息的原始属性的组合实现的。

另一种解决机器学习问题的方法是对数据进行适当的变换。以 4.5 节中所用的对数变换为例，我们成功地用变换后的空间中的线性关系来表示数据。现在，我们可以向前迈进一步，把选择相关特征和进行适当的变换相结合。

在本章中，我们将考虑使用内核函数作为一种方法来在它们自己的原始特征空间中操纵数据集，但好像它们被投影到更高维度空间中一样。这个转换让我们可以用更直接的方式进行操作。

9.1 支持向量机和内核方法

到目前为止，我们一直致力于从现有数据中提取特征，在尽可能多地保留信息的同时用更少的维度来表示数据。另一种方法是转换数据，使我们的学习任务看起来比在原始特征空间中更容易执行。

在某种意义上，这是我们在对 4.5 节中的哺乳动物数据集应用对数变换时所做的：在转换的特征空间中，哺乳动物的身体和大脑之间的关系比使用未转换特征时更接近。一旦完成了学习任务，则需要将转换变为原始特征空间。

继续按照这个思路，让我们考虑图 9.1 中所示的数据集，这是一个由 X_1 和 X_2 特征组成的空间。通过使用从左上角到右下角的对角线，可以将图 9.1a 中显示的数据点分成两组。换句话说，我们说数据集是线性可分离的。然而，图 9.1b 中的正方形点不能以如此简单的方式与该图中的圆点分开。在不同的特征空间中，数据点可能是线性可分离的，甚至在高维空间中也是如此。如果是这样，我们可以尝试寻找转换方法，就像对哺乳动物数据集所做的那样，然后在新的空间中执行分类任务。

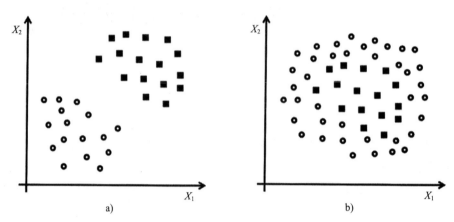

图 9.1   数据集在 $X_1 \sim X_2$ 特征空间中，a 是线性可分的，而 b 不是

虽然有可能找到一个新的特征空间实现线性可分离，但有一些事情我们需要考虑。首先，要明确需要进行的转换。其次，如果数据在更高维度的空间中是可分离的，那么我们就增加了模型的复杂度。有没有可能在原始特征空间中操作数据集，但就好像它被投影到高维空间中而不需要显式地进行转换？这听起来有些牵强，但事实证明这个问题的答案是肯定的，我们将在 9.1.2 节中详细讨论这一点。然而在这之前，先考虑线性分离的情况。

正如 Jorge Luis Borges[⊖] 所提到的，直线是由无限个点组成，二维平面又是由无限条线组成，三维空间则是由无限个平面组成……因此，二维的线性分类器对应的决策边界是一条线（如上所述），在三维空间中是一个平面，在高维空间中则可以讨论超平面[⊖]。通常可以将线性分类器表示为：

$$f(\boldsymbol{x}) = \boldsymbol{w}^{\mathrm{T}}\boldsymbol{x} + b \tag{9.1}$$

其中权向量 w 是超平面的法向量，b 是偏置。在我们的分类任务中，训练数据是用来学习 w 的，然后不再使用，因为我们可以直接使用权重向量来分类新的未知数据。

⊖ Borges, J. L. (1984). *El Libro de Arena*. El Ave Fénix. Plaza & Janés
⊖ 通常我们将超平面作为线性可分离数据集的决策边界。

如果数据点是线性可分离的，那么我们最终可能会遇到如图 9.2 所示的情况——有多个分离边界。我们的任务不仅是找到分类边界，而且是要找到最佳分类边界。

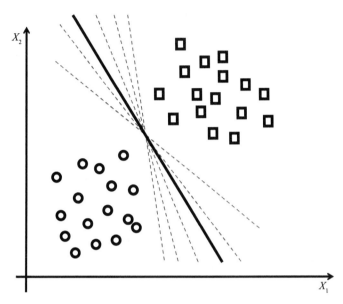

图 9.2　线性可分离数据集可能有大量的分离边界，选择最好的

9.1.1　支持向量机

支持向量机（SVM）是一种二元线性分类器，它的分类边界是通过最小化任务中的泛化误差来构建的。与我们讨论过的其他分类器不同的是，支持向量机边界是用几何推理而不是代数方法得到的。考虑到这一点，泛化误差与几何概念的边缘（间隔）有关，它可以定义为沿分类边界不受数据点影响的区域。

这样，支持向量机的目标是使用具有最大间隔的线性决策边界来分类，从而产生最大间隔超平面（MMH）。拥有最大的间隔等于最小化泛化误差。这是因为使用 MMH 作为分类边界最小化了数据点位置的微小扰动导致分类错误的概率。直观地说，很容易看到更宽的边界会有更好的定义和分离类。

对于式（9.1）中的判别函数，可以通过考虑函数 $f(\boldsymbol{x})$ 的符号来确定一个新记录的分类标签：

$$f\left(\boldsymbol{x}_i\right) = \begin{cases} \boldsymbol{w}^{\mathrm{T}}\boldsymbol{x}_i + b \geqslant 0 \rightarrow y_i = +1 \\ \boldsymbol{w}^{\mathrm{T}}\boldsymbol{x}_i + b < 0 \rightarrow y_i = -1 \end{cases} \tag{9.2}$$

权重向量 w 定义了分类边界的方向，而偏差 b 指定了从原点开始的转换。在图 9.3 中，我们描述了支持向量机的主要组成部分：最大间隔由支持向量定义，即最接近分类超平面的数据点。这些点在图 9.3 中用黑色图形标记。找到 MMH 的任务归结为对凸的目标函数的优化，这意味着我们可以保证得到一个全局最优。

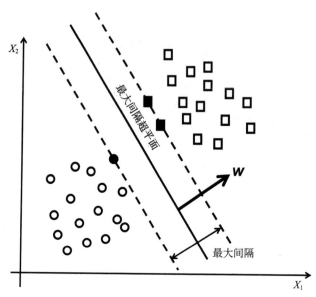

图 9.3   支持向量机通过确定最大间隔超平面找到最优边界。权值向量 w 决定边界的方向，
支持向量（用黑色标记）定义最大间隔

事实上支持向量是最难以分类的数据点，因为它们最接近分类边界。其他的点，特别是那些更远的点，对界定边界没有帮助。在这方面，只有支持向量对分类边界的位置有直接影响。通过与力学中静力平衡的类比，我们可以进一步了解支持向量：力 F_n 作用于通过法向量 w 定义的静力平板（决策边界），必须满足如下平衡条件：

$$\sum_n F_n = 0 \tag{9.3}$$

$$\sum_n s_n \times F_n = 0 \tag{9.4}$$

式（9.3）和式（9.4）即机械平衡方程。其中 s_n 是类比中的支持向量。式（9.4）表明作用在边界上的总扭矩为零，我们可以把这些矢量看作超平面处于"静态平衡"的支撑。支持向量机算法是由 Vapnik 及其合作者[⊖]在 1992 年提出的，其应用和变体非常多样。

⊖ Boser, B. E., I. M. Guyon, and V. N. Vapnik (1992). A training algorithm for optimal margin classifiers. In *5th Annual ACM Workshop on COLT,* Pittsburgh, PA, pp. 144–152. ACM Press

记住，我们感兴趣的是得到一个线性分类器，它的边界间隔尽可能大。此外，让我们回忆一下，坐标为 (x_0, y_0) 的点到由 $Ax + By + C = 0$ 定义的直线的距离是：

$$d = \frac{\left|Ax_0 + By_0 + C\right|}{\sqrt{A^2 + B^2}} \qquad (9.5)$$

因此，图 9.3 中虚线上的点到分类边界的距离（即支持向量到分类边界的距离）是：

$$\frac{\left|\boldsymbol{w}^{\mathrm{T}}\boldsymbol{x} + b\right|}{\|\boldsymbol{w}\|} = \frac{1}{\|\boldsymbol{w}\|} \qquad (9.6)$$

因此间隔是这个数的 2 倍。很明显，为了使间隔最大化，我们要在边界间隔中没有其他点的情况下最小化 $\|\boldsymbol{w}\|$。可以将这个优化问题表示为：

$$\min_{\boldsymbol{w}, b} \frac{1}{2}\|\boldsymbol{w}\|^2$$
$$\text{s.t.}: y_i\left(\boldsymbol{w}^{\mathrm{T}}\boldsymbol{x} + b\right) \geqslant 1, \quad i = 1, \ldots, n \qquad (9.7)$$

到目前为止，我们考虑的情况是数据点是否如图 9.1a 所示那样是线性可分离的。尽管如此，一般来说数据可能不一定要很好地分开。在这些情况下，可以考虑使用比最初获得的更大的间隔，而代价是产生一些训练错误。这可以通过引入松弛变量 $\xi_i \geqslant 0$，进而得到约束优化问题方程如下：

$$y_i\left(\boldsymbol{w}^{\mathrm{T}}\boldsymbol{x} + b\right) \geqslant 1 - \xi_i, \quad i = 1, \ldots, n \qquad (9.8)$$

松弛变量推广了我们的优化问题，在代价为 C 的情况下，训练记录中允许有一些错误分类。如果松弛变量的值大于 1，数据点就会被错误分类。通过松弛变量的和，给出了错误分类例子数量的一个界。因此，我们的优化问题可以表示为：

$$\min_{\boldsymbol{w}, b} \frac{1}{2}\|\boldsymbol{w}\|^2 + C\sum \xi_i$$
$$\text{s.t.}: y_i\left(\boldsymbol{w}^{\mathrm{T}}\boldsymbol{x} + b\right) \geqslant 1 - \xi_i, \quad \xi_i \geqslant 0 \qquad (9.9)$$

这种支持向量机算法的公式称为软边缘 SVM $^{\ominus}$。这是一种我们知道和喜爱的方差 - 偏离折中的种形式。施加足够大的 ξ_i 能满足每个约束。常数 C 是一个正则化参数：对于小的 C 值，我们忽略约束，得到一个大的间隔，而对于大的 C 值，约束被施加，我们得

$\ominus$　Cortes, C. and V. Vapnik (1995). Support vector networks. *Machine Learning* 20, 273–297

到一个小的间隔。如果 $C \to \infty$ 那么所有约束都被应用，我们得到一个 "硬" 的边缘。

让我们从求解式（9.7）中给出的二次规划问题开始。由于这是一个受约束的优化问题，我们可以从使用著名的拉格朗日乘数法（Lagrange multipliers [⊖]）的开始，关注在约束 $g(x, y) = 0$ 的条件下优化函数 $f(x, y)$。我们构造了一个新的函数，叫作拉格朗日函数：

$$L(x, y, \alpha) = f(x, y) - \alpha g(x, y) \tag{9.10}$$

其中新变量 α 称为拉格朗日乘数。

该方法可推广到 n 维和 m 个约束。这意味着取适当的导数来计算拉格朗日函数的梯度可以导致有 $n + m$ 个变量的方程组的解都为零。这种优化问题可以用最速下降算法（梯度算法）来解决。

在我们感兴趣的例子中，有 $f(\cdot) = \frac{1}{2}\|w\|^2$ 和 $g(\cdot) = y_i(w^{\mathrm{T}}x + b) - 1 = 0$。新的无约束问题用拉格朗日函数表示为：

$$\min_{w, b} L = \frac{1}{2}\|w\|^2 - \sum_{i=1}^{l} \alpha_i y_i(w^{\mathrm{T}}x_i + b) + \sum_{i=1}^{l} \alpha_i \tag{9.11}$$

其中 l 为训练的点数。我们知道关于 w 和 b 的偏导数在拉格朗日函数的最小值处为 0。我们可以这样写：

$$\partial_w L = w - \sum_{i=1}^{l} \alpha_i y_i x_i = 0 \tag{9.12}$$

$$\partial_b L = \sum_{i=1}^{l} \alpha_i y_i = 0 \tag{9.13}$$

从上面的方程中，得到了以下条件使我们能够找到支持向量机问题的间隔（边缘）：

$$w = \sum_{i=1}^{l} \alpha_i y_i x_i \tag{9.14}$$

$$\sum_{i=1}^{l} \alpha_i y_i = 0 \tag{9.15}$$

⊖ Bertsekas, D. (1996). *Constrained Optimization and Lagrange Multiplier Methods.* Athena scientific series in optimization and neural computation. Athena Scientific

上面的第一个条件已经告诉我们权重 w 是什么：它们是训练输入和输出以及 α_i 值的线性组合。反过来，我们希望大多数 α_i 参数为零，而那些非零参数对应于起实际作用的支持向量。

上面提出的形式也称为初始问题模式，我们可以直接实现这种形式来解决具体问题。然而，在实际解决问题时二元表示有其优势。通过这种方式，相较寻找 w 和 b 的最小值，约束参数 α_i，我们可以在式（9.14）和式（9.15）的条件下最大化 α。用这些条件替换式（9.11），可以摆脱对 w 和 b 的依赖。可得出二元形式的拉格朗日函数形式：

$$\max_{\alpha_i} L_D = -\frac{1}{2}\sum_{i=1}^{l}\sum_{j=1}^{l}\alpha_i\alpha_j y_i y_j\left(\boldsymbol{x}_i\cdot\boldsymbol{x}_j\right)+\sum_{i=1}^{l}\alpha_i,\ \ \sum_{i=0}^{l}\alpha_i y_i = 0, \alpha_i\geq 0 \qquad （9.16）$$

把这个问题转化成它的二元形式似乎过度简化了，毕竟我们可以在原始表示中找到最小值。然而，使用二元表示有很大的好处，即可以通过对两个向量进行简单的内积并将它们映射到实线 R 来解决问题。这是一个非常重要的结果，我们将在 9.1.2 节中进一步讨论。

解决式（9.16）中的优化问题为我们提供了 α_i 参数的值。然后我们可以根据式（9.14）找到权值 w，而 b 可以从一个使得 $y_i = 1$ 的支持向量中得到，从而得到最大间隔超平面。最后，可以通过观察 $f(x)$ 的符号来对一个特征为 x 的不可见数据点进行分类。

要注意，绝大多数的权重会使 α_i 值等于零，只留下实际的支持向量。这是一种有效的降低问题维度的方法。得益于内积在问题的二元表达式中的应用，这种降维以一种更直接的方式实现了。想要对其有一些直观认识，可以参见 3.8 节的内容。

内积可以用来度量在 n 维特征空间中定义的两个向量之间的相似性。例如在二维空间中，如果两个向量平行，那么它们的内积是 1，我们说这些向量完全相似。如果向量是垂直的，那么它们的内积是 0，我们说它们完全不同。这种相似的概念可以扩展到高维空间，而不失通用性。

综上所述，对于式（9.16），如果两个向量 $\boldsymbol{x}_i$ 和 $\boldsymbol{x}_j$ 不相似，那么它们不会对 L_D 的值有贡献，但是如果两个向量相似，则会得到两个可能的结果。一方面，可以预测相同的目标值 $y_i = \pm 1$。在这种情况下，式（9.16）给出的值为正。记住，我们试图最大化 L_D，将负号附加到式（9.16）的第一项（此项包含内积），表明上述情况将减少表达式 L_D 的值。这意味着该算法降低了做出同样预测的相似向量的重要性。

另一方面，如果问题中的向量对目标值 y_i 做出了相反的预测，但是它们仍然是相似的[⊖]，那么包含内积的项是负的。这意味着它将增加 L_D 的价值，这种情况有助于最大化目标函数。实际上像这样的向量是我们感兴趣的，因为它们是能够区分两个不同类型的重要向量。

9.1.2　内核的技巧

我们对支持向量机算法的讨论依赖于这样一个事实，即问题中的类可以通过线性边界来区分。我们已经看到了如何通过松弛变量来放松约束，但是线性可分性的限制仍然存在。虽然线性可分性是我们感兴趣的例子，但不能忽略很多情况下存在非线性边界这一事实[⊖]。

在这些情况下，需要实现非线性支持向量机。主要思想是通过将数据映射到高维空间来获得线性边界。这确实是可行的，但我们可能会遇到一些问题，例如不确定需要做什么样的变换才能得到线性可分性。即使我们知道，这个转换也可能难以计算，或者比较耗时。

在一定程度上，这是我们在前一节中为避免对式（9.11）所示的原始形式进行优化而回避的问题。作为替代，我们使用了二元表达式，其中内积使我们能够将向量 x_i 重新映射到一个表示形式中，而不必在原始特征空间中进行任何计算。

通过应用一个合适的内核来进行转换是可能实现的，它使我们能够在原始特征空间中隐式地操作。这就是所谓的内核技巧。

将内核理解为一个函数 $K(x,y)$，其参数 x 和 y 可以是实数、向量、函数等。它实际上是这些参数和实值之间的映射。操作独立于参数的顺序。我们至少熟悉一个这样的内核：向量积。当 x 和 y 是二维向量时，内积[⊜]为：

$$K(x,y) = x^\mathrm{T} y = \sum_{i=1}^{N} x_i y_i \qquad (9.17)$$

内核技巧是 Mercer 定理的一个直接实现：K 是上面所定义的映射，非负对称的连续函数，存在一组函数 $\{\phi_i\}$ 和一组实数 $\{\lambda_i\}$ 其中 $i \in \mathbf{N}$，使得：

$$K(u,\upsilon) = \sum_{i=1}^{\infty} \lambda_i \phi_i(u)\phi_i(\upsilon) \qquad (9.18)$$

⊖　一个预测加 1，另一个就减 1。

⊜　支持向量机算法的应用并不局限于线性可分离类。

⊜　内积是一个众所周知的内核。

Mercer 定理可以看作 8.3 节中讨论的奇异值分解的类比。在这种情况下，内核存在于无限维空间中。所以，对于正定对称矩阵 A，可以定义一个线性运算，使得当应用于向量 x 时，它会产生另一个向量 y：

$$Ax = y \text{ 或 } \sum_{m=1}^{N} a[m,n]x[m] = y[m] \tag{9.19}$$

这是我们常见的矩阵乘法。特征值和对应的特征函数定义为：

$$\sum_{m=1}^{N} a[m,n]\phi_i[m] = \lambda_i\phi_i[n] \tag{9.20}$$

特征值是非负的，而且特征函数是正交的。因此，非零特征值对应的特征函数构成矩阵 A 的一组基，因此可以将其分解为：

$$a[m,n] = \sum_{i=1}^{N} \lambda_i\phi_i[m]\phi_j[n] \tag{9.21}$$

内核方法意味着我们不需要计算，甚至无须考虑 ϕ_i 的形式。相反，内核在转换后的空间中定义了适当的内积。这样，就可以定义非线性支持向量机，目标函数可以写成：

$$L_D = \sum_{i=1}^{l} \alpha_i - \frac{1}{2}\sum_{i=1}^{l}\sum_{j=1}^{l} \alpha_i\alpha_j y_i y_j K(x_i, x_j) \tag{9.22}$$

我们可以选择使用内核，比较流行的包括：

- 线性：$K(x, y) = x^T y$
- 多项式：$K(x, y) = (x^T y + 1)^d$
- 高斯：$K(x, y) = \exp(-\gamma\|x-y\|)^2$
- S 型：$K(x, y) = \tanh(kx \cdot y - \delta)$

我们当然可以选择，但要记住，更复杂的模型未必能带来更好的泛化，要谨防过度拟合。

9.1.3 SVM 实践：回归

SVM 算法可以作为一种优化回归线泛化边界的方法应用于回归问题中。在这种情况下，特征变量首先映射到高维空间，然后使用线性模型。

SVM 的泛化性能取决于其所使用的内核,但与其他正则化模型一样,它也依赖于式 (9.9) 中引入的超参数 C。这个超参数使我们有机会对模型的复杂性进行微调:如果 C 趋于无穷大,那么只考虑观察到的数据而完全不考虑模型的复杂性,从而有效地优化了模型(记住,这些都是关于偏差和方差的权衡)。

让我们看看如何使用 SVM 对第 4 章中介绍的哺乳动物数据进行回归。让我们回忆一下,数据集是关于动物的体重与其脑容量之间的关系。与前面一样,让我们从导入一些有用的 Python 库开始⊖:

```
%pylab inline
import numpy as np
import matplotlib.pyplot as plt
import pandas as pd
```

现在,我们将用 .sort_values 方法把数据集加载到 Pandas 的 dataframe 中并对其进行排序。这样做是为了使后期所绘的图像看起来像我们所期待的:

```
mammals = pd.read_csv(u'./Data/mammals.csv')\
.sort_values('body')
```

让我们将所需的列值加载到适当的变量中,以方便操作:

```
body = mammals[ ['body'] ].values
brain = mammals['brain'].values
```

请注意,我们创建了对象来保存感兴趣的数量的值。我们关注将第 4 章讨论过的著名的线性回归模型与 SVM 算法的结果进行比较。下面从 Scikit-learn 加载相关模型:

```
from sklearn.linear_model import LinearRegression
from sklearn import svm
```

SVM 包含的支持向量回归的方法包括 SVR 和 LinearSVR。前者接受不同的内核作为输入,后者类似于 SVR 中 kernel='linear' 的情况。LinearSVR 在选择惩罚和损失函数上更灵活。需要注意的是,SVR 的默认核是高斯内核,也称为径向基函数核(RBF)。让

⊖   数据可在以下网址获得:http:// dx.doi.org/10.6084/m9.figshare.1565651 和 http://www. statsci.org/data/general/ sleep. html。

我们用固定的超参数 *C* 实例化几个 SVR 模型：

```
svm_lm = svm.SVR(kernel='linear', C=1e1)
svm_rbf = svm.SVR(kernel='rbf', C=1e1)
```

上述的第一个模型是 SVM 用线性内核做回归，而第二个模型则是用高斯内核。现在我们可以训练模型：

```
svm_lm.fit(np.log(body), np.log(brain))
svm_rbf.fit(np.log(body), np.log(brain))
```

为了便于比较，我们现在实例化并且用一个对数变换来拟合回归模型：

```
logfit = LinearRegression().fit(np.log(body),\
np.log(brain))
```

请注意，由于 Python 支持链式运算，因此可以将这些方法直接链接在一起。

上述每个模型的预测可以简单地通过 predict 方法获得。在本例中，我们将它们直接连接到 Pandas 的 dataframe 中：

```
mammals['log_regr'] = np.exp(logfit.\
predict(np.log(body)))
```

```
mammals['linear_svm'] = np.exp(svm_lm.\
predict(np.log(body)))
```

```
mammals['rbf_svm'] = np.exp(svm_rbf.\
predict(np.log(body)))
```

应用于哺乳动物数据集的 3 个回归过程的结果如图 9.4 所示。注意，在这个例子中，线性内核的性能并不比我们在第 4 章中看到的简单线性模型好，甚至更差。高斯内核不需要我们做任何显式的转换，在这个例子中，它更接近于原始数据集中观察到的值。还要注意，在接近原点时，高斯内核在回归曲线上产生了一些波动。最后，请记住，过度拟合仍然是一个需要考虑的问题。我们将超参数 *C* 的调优以及交叉验证的实现留给读者作为练习。

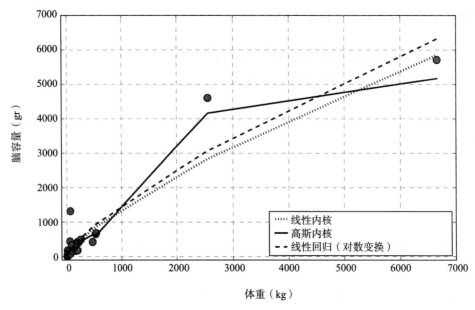

图 9.4 用线性模型和两种支持向量机算法得到的回归曲线的比较：一种是线性内核，另
一种是高斯内核

9.1.4 SVM 实践：分类

SVM 的第二个应用是分类。如之前图 9.3 所示，最大间隔超平面用作不同类之间的
边界。该表述的数学表达式如式（9.2）所示。

让我们使用第 5 章酒的数据集来实现 SVM 分类。该数据集可以在 UCI 机器学习库
中的 Wine Dataset[⊖]中找到（可参见 http://archive.ics.uci.edu/ml /datasets/Wine）。回忆一
下，这些数据记录了在同一地区种植的 3 种不同品种的意大利葡萄酒的化学分析结果。

让我们从加载适当的库到 Python 中开始，这样就可以读取包含数据的 CSV 文件了。

```
%pylab inline
import numpy as np
import pandas as pd
import matplotlib.pyplot as plt
```

使用 Pandas，我们把数据加载到名为 wine 的 dataframe 中。其中，目标变量与数据包
含在同一个表中，因此我们将栽培品种特征分离到目标变量 Y，其余特征留在变量 X 中：

⊖ Lichman, M. (2013a). UCI Machine Learning Repository, Wine Data. https://archive. ics.uci.edu/ml/datasets/
Wine. University of California, Irvine, School of Information and Computer Sciences

```
wine = pd.read_csv(u'./Data/wine.csv')
```

```
X = wine.drop(['Cultivar'], axis=1).values
Y = wine['Cultivar'].values
```

与我们在 5.2 节中使用聚类处理数据集的方法相同，在分类任务中我们只使用酒精和颜色深度特征。这将使我们的示例更简单、更容易理解：

```
X1=wine[['Alcohol','Colour_Intensity']].values
```

为了交叉验证，现在把数据集分为训练集和测试集：

```
import sklearn.model_selection as ms
```

```
XTrain, XTest, YTrain, YTest =\
ms.train_test_split(X1, Y,\
test_size= 0.3, random_state=7)
```

Scikit-learn 提供了支持向量分类的实现，包括 SVC 和 LinearSVC。在支持向量回归的例子中，SVC 以不同的内核作为输入，而 LinearSVC 类似于 kernel='linear' 的 SVC。与回归情况一样，LinearSVC 在惩罚和损失函数的选择上更灵活。最后，记住 SVC 的默认内核是高斯内核或 RBF（Radial Basis Function，径向基函数）。

让我们用高斯内核来创建一个 SVC 分类器的实例[⊖]：

```
from sklearn import svm
SVMclassifier = svm.SVC()
```

可以结合上面创建的训练集使用 GridSearchCV 来为模型中的超参数 C 找到合适的值。在本例中，我们为搜索设置了一个值介于 0.5 ～ 2 之间的字典：

```
Cval = 2. ** np.arange(-1, 1.2, step=0.2)
n_grid = [{'C':Cval}]
```

现在可以用支持向量机为分类建立交叉验证的网格搜索：

```
from sklearn.model_selection import GridSearchCV
cv_svc = GridSearchCV(estimator=SVMclassifier,\
```

⊖ 记住，SVC 默认内核是高斯核。

```
param_grid=n_grid,\
cv=ms.KFold(n_splits=100))
```

我们使用 GridSearchCV 为超参数找到最佳值，此处使用 100 个折叠。现在让我们将搜索应用于上面构造的训练数据集。我们还可以把超参数 C 的最优值存储下来，以备将来使用：

```
cv_svc.fit(XTrain, YTrain)
```

```
best_c = cv_svc.best_params_['C']
```

让我们看看在本例中找到的最佳参数是什么：

```
> print(''The best parameter is: C ='', best_c)
```

```
The best parameters is: C = 1.74110112659
```

在图 9.5 中，可以看到使用不同的 C 的值进行搜索的热图。正如我们所看到的，对于 $C=1.7411\cdots$，我们找到了模型的最佳平均交叉验证得分。有了这个值，现在可以构建一个用于训练和测试的模型：

```
svc_clf = svm.SVC(C=best_c)
svc_clf.fit(XTrain, YTrain)
```

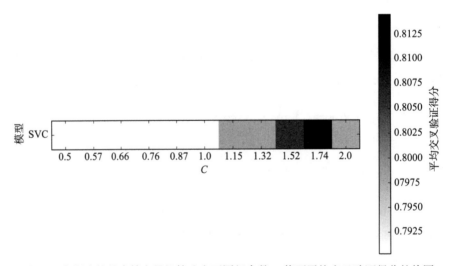

图 9.5　高斯内核的支持向量机算法在不同超参数 C 值下平均交叉验证得分的热图

现在可以通过模型为测试集中的数据点提供预测。让我们看一下：

```
y_p = svc_clf.predict(XTest)
```

为了完整起见，我们来看一下测试数据集的分类报告：

```
> from sklearn import metrics
> print(metrics.classification_report(y_p, YTest))

              precision    recall  f1-score   support

          1       0.85      0.69      0.76        16
          2       0.92      0.92      0.92        24
          3       0.76      0.93      0.84        14

avg / total       0.86      0.85      0.85        54
```

其中提供了精度、召回等信息。

使用上面得到的同一个 *C* 值，让我们比较使用不同内核得到的分类边界：

```
C = best_c

svc = svm.SVC(kernel='linear', C=C).\
            fit(XTrain, YTrain)

rbf_svc = svm.SVC(kernel='rbf', gamma=0.7,\
                C=C).fit(XTrain, YTrain)

poly_svc = svm.SVC(kernel='poly', degree=3,\
                C=C).fit(XTrain, YTrain)

lin_svc = svm.LinearSVC(C=C).fit(XTrain, YTrain)
```

首先，我们正在构建一个支持向量机（SVM），它带有一个带 SVC 实现的线性核。第二种模型有一个高斯核（gamma=0.7），第三种模型有一个三次多项式核（degree=3）。最后，使用 LinearSVC 创建一个模型，使用一个替代的线性内核实现。这些模型的比较如图 9.6 所示。我们可以看到，由直线内核创建的边界是如何由直线给出的，而非线性内核为我们提供了更复杂的边界。

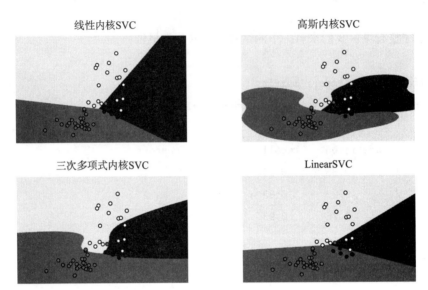

图 9.6   使用不同算法实现的支持向量机的分类边界比较：线性、高斯和三次多项式核的 SVC 和 LinearSVC

图 9.6 中还显示了测试集中的数据点，这些数据点由它们所属的类着色。我们可以看到所使用的 4 个模型中每个模型给出的错误分类点的分布。很明显，可以使用比本例中选择的两个特征更多的特征。这将使得可视化步骤比这里显示的二维示例更具挑战性。

9.2   总结

内核技巧是在碰到和处理机器学习问题时除了特征选择和降维等技术之外可以考虑的有用的工具。

在这一章中，我们看到了如何合适地映射到高维特征空间以使回归或分类成为可能，而不需要在高维空间中显式地进行任何计算。这要归功于内核技巧。我们将这个技巧应用于支持向量机算法的实现中。

支持向量机是一种二元线性分类器，通过构造分类边界来最小化学习任务的泛化误差。支持向量机的主要思想是，数据在高维空间中可能是线性可分的，而在原始特征空间中不是线性可分的。不同的内核为我们提供了寻找非线性边界的灵活性，如本章所示，这些非线性边界将问题中的不同类分隔开来。

Scikit-learn 中的管道

术语管道（Pipeline）用于描述一系列数据转换和操作的有序链接。转换的顺序非常重要，因为管道的每个阶段都从上一个阶段中获取信息：任何给定步骤的结果作为下一个步骤的输入，数据从始至终流经管道。

数据管道非常有用，因为它们是用于执行常规数据维护和分析任务的有效的自动化转换，确保输入到工作流的下一阶段的输出数据的有效性，并输入到工作流的下一阶段。例如，在必要的工作流中，可能需要确保数据具有正确的单位和在估算缺失值之前进行扩展，并准备用于训练特定的算法。

可以在 Scikit-learn 中实现管道，帮助我们改进代码和管理模型。可以使用管道合并我们需要准备数据的所有步骤并做出适当预测。在 8.2.2 节中，我们使用了一个管道，通过主成分分析降低鸢尾花数据集的维数，然后在逻辑回归中使用。

让我们来看另一个例子，它实现一个管道使用 Scikit-learn 中包含的波士顿住房数据集进行 LASSO 回归。

该数据集有来自美国人口普查局关于马萨诸塞州波士顿地区住房的信息。该数据集最初由 Harrison 和 Rubinfeld[⊖]发布，共有 13 个属性：

- CRIM ——城镇的人均犯罪率。
- ZN ——住宅用地面积超过 25 000 平方英尺[⊖]的比例。
- INDUS ——每个城镇的非零售业务用地比例。

[⊖] Harrison Jr, D. and Rubinfeld, D. L. (1978). Hedonic housing prices and the demand for clean air. *J. Environ. Economics & Management 5*, 81–102

[⊖] 1 平方英尺 ≈ 0.09 平方米。——编辑注

- CHAS —— Charles 河虚拟变量（1 表示有大量河边，0 表示其他情况）。
- NOX —— 一氧化氮浓度（千万分之一）。
- RM —— 每个住宅的平均房间数。
- AGE —— 1940 年以前建造的业主自住单元的比例。
- DIS ——到波士顿 5 个就业中心的加权距离。
- RAD ——周围高速公路可达性指数。
- TAX—— 每 1 万美元的全额财产税税率。
- PTRATIO ——城镇学生和老师的比例。
- B——1000 $(Bk - 0.63)^2$ 其中，Bk 表示城镇黑人人口的比例。
- LSTAT ——更低地位人口所占的百分比。

我们来加载数据集（波士顿住房数据集可以用 load_boston 加载）：

```
%pylab inline
from sklearn.datasets import load_boston
boston = load_boston()
X = boston[''data'']
Y = boston[''target'']
names = boston[''feature_names'']
```

我们将构建一个考虑到两个主要步骤的管道，先像 4.6 节中那样描述标准化变量，然后在 LASSO 模型中使用该结果。我们将使用管道为模型搜索合适的超参数，最后使用找到的参数来训练模型并对其进行评分。

首先加载一些有用的模块：我们将使用预处理来标准化变量，用 cv 创建训练集和测试集，用 Lasso 来对数据进行建模，用 GridSearchCV 来搜索最优的超参数，用 Pipeline 来构建管道：

```
from sklearn import preprocessing
import sklearn.model_selection as ms
from sklearn.linear_model import Lasso
from sklearn.model_selection import GridSearchCV
from sklearn.pipeline import Pipeline
```

我们需要为管道中包含的步骤创建实例。在本例中，用 Scikit-learn 的标准定标器和 LASSO 模型对变量进行标准化。

```
std_scaler = preprocessing.StandardScaler()
lasso1 = Lasso()
```

现在可以定义管道。必须为每个步骤提供一个标签，以便以后在流程中引用它们。我们把标准化步骤定义为 scaling，模型定义为 mylasso：

```
pipe = Pipeline(steps=[('scaling', std_scaler ),\
('mylasso', lasso1)])
```

我们需要将数据划分为训练和测试部分：

```
XTrain, XTest, yTrain, yTest =\
ms.train_test_split(X, Y,\
test_size=0.2, random_state=1)
```

让我们定义一组值来搜索超参数：

```
lambda_range = linspace(0.001, 0.5, 250)
```

现在可以将管道传递到穷举搜索模块，并将搜索与训练数据进行匹配：

```
cv_lasso = GridSearchCV(pipe,\
dict(mylasso__alpha=lambda_range),\
cv=ms.KFold(n_splits=100))
```

```
cv_lasso.fit(XTrain,yTrain)
```

此处，我们将管道作为 GridSearchCV 使用的模型，然后对训练数据集进行搜索。

网格搜索将获取原始训练数据并将其放入管道中：首先调用标准化过程，然后结果将被输入 LASSO 模型中，用于交叉验证每个超参数值。可以看到从这个过程中得到的最佳参数如下：

```
bestLambda=cv_lasso.best_params_['mylasso__alpha']
print(bestLambda)
```

```
0.229457831325
```

请注意，超参数搜索的结果以定义管道时提供的标签为前缀。我们通过在管道定义的标签后面加上一个双下划线"＿＿"来引用 LASSO 模型中的超参数。

现在我们已经找到了最优的超参数，通过 set_params 方法将其设置为管道的参数：

```
pipe.set_params(mylasso__alpha=bestLambda)
```

现在我们可以训练模型：

```
> BostonLassoModel = pipe.fit(XTrain, yTrain)
```

让我们看一看得到的系数：

```
> BostonLassoModel.named_steps['mylasso'].coef_

array([-0.3716588 ,  0.43517511,
        -0.        ,  0.47183528,
        -1.05678543,  2.4463162 ,
        -0.        , -1.51971828,
         0.        , -0.        ,
        -1.83958382,  0.44593894,
        -3.83998777])
```

注意，有些属性的系数为 0。由于我们使用了 LASSO 模型，模型中使用的一些系数缩减到 0 也就不足为奇了。详细内容可以参考 4.9 节。

最后，为模型打分，并为测试集创建预测：

```
> BostonLassoModel.score(XTest, yTest)

0.73531414540197193

> Boston_Pred = BostonLassoModel.predict(XTest)
```

参 考 文 献

Allison, T. and D. V. Cicchetti (1976, Nov 12). Sleep in mammals: ecological and constitutional correlates. *Science 194*, 732–734.

Bayes, T. (1763). An essay towards solving a problem in the doctrine of chances. *Philosophical Transactions 53*, 370–418.

Bellman, R. (1961). *Adaptive Control Processes: A Guided Tour.* Rand Corporation. Research studies. Princeton U.P.

Bertsekas, D. (1996). *Constrained Optimization and Lagrange Multiplier Methods.* Athena scientific series in optimization and neural computation. Athena Scientific.

Borges, J. L. (1984). *El Libro de Arena.* El Ave Fénix. Plaza & Janés.

Boser, B. E., I. M. Guyon, and V. N. Vapnik (1992). A training algorithm for optimal margin classifiers. In *5th Annual ACM Workshop on COLT*, Pittsburgh, PA, pp. 144–152. ACM Press.

Breiman, L. (1996). Bagging predictors. *Machine Learning 24*(2), 123–140.

Breiman, L. (2001). Random forests. *Machine Learning 45*(1), 5–32.

Cole, S. (2004). History of fingerprint pattern recognition. In N. Ratha and R. Bolle (Eds.), *Automatic Fingerprint Recognition Systems*, pp. 1–25. Springer New York.

Continuum Analytics (2014). Anaconda 2.1.0. `https://store.continuum.io/cshop/anaconda/`.

Cortes, C. and V. Vapnik (1995). Support vector networks. *Machine Learning 20*, 273–297.

Cover, T. M. (1969). Nearest neighbor pattern classification. *IEEE Trans. Inform. Theory IT-13*, 21–27.

Devlin, K. (2010). *The Unfinished Game: Pascal, Fermat, and the Seventeenth-Century Letter That Made the World Modern*. Basic ideas. Basic Books.

DLMF (2015). NIST Digital Library of Mathematical Functions. http://dlmf.nist.gov/, Release 1.0.10 of 2015-08-07.

Downey, A. (2012). *Think Python*. O'Reilly Media.

Duffy, F. H. et al. Unrestricted principal components analysis of brain electrical activity: Issues of data dimensionality, artifact, and utility. *Brain Topography 4*(4), 291–307.

Eysenck, M. and M. Keane (2000). *Cognitive Psychology: A Student's Handbook*. Psychology Press.

Farris, J. S. (1969). On the cophenetic correlation coefficient. *Systematic Biology 18*(3), 279–285.

Fawcett, T. (2006). An introduction to ROC analysis. *Patt. Recog. Lett. 27*, 861–874.

Fisher, R. A. (1936). The use of multiple measurements in taxonomic problems. *Annals of Eugenics 7*(2), 179–188.

Fold-it. Solve puzzles for science. `https://fold.it/portal/`.

Freedman, D., R. Pisani, and R. Purves (2007). *Statistics.* International student edition. W.W. Norton & Company.

Freund, Y. and R. Schapire (1997). A decision-theoretic generalization of on-line learning and an application to boosting. *J. Comp. and Sys. Sciences 55*(1), 119–139.

Galati, G. (2015). *100 Years of Radar.* Springer International Publishing.

Galton, F. (1886). Regression Towards Mediocrity in Hereditary Stature. *The Journal of the Anthropological Institute of Great Britain and Ireland 15,* 246–263.

Galton, F. (1907). Vox populi. *Nature 75*(1949), 450–451.

Geurts, P., D. Ernst, and L. Wehenkel (2006). Extremely randomized trees. *Machine Learning 63,* 3–42.

Gilder, J. and A. Gilder (2005). *Heavenly Intrigue: Johannes Kepler, Tycho Brahe, and the Murder Behind One of History's Greatest Scientific Discoveries.* Knopf Doubleday Publishing Group.

Golub, G. and C. Van Loan (2013). *Matrix Computations.* Johns Hopkins Studies in the Mathematical Sciences. Johns Hopkins University Press.

Harrison Jr, D. and Rubinfeld, D. L. (1978). Hedonic housing prices and the demand for clean air. *J. Environ. Economics & Management 5,* 81–102.

Hilbert, D. (1904). Grundzüge einer allgeminen Theorie der linaren Integralrechnungen. (Erste Mitteilung). *Nachrichten von der Gesellschaft der Wissenschaften zu Göttingen, Mathematisch-Physikalische Klasse,* 49–91.

Hoerl, A. E. and R. W. Kennard (1970). Ridge regression: Biased estimation for nonorthogonal problems. *Technometrics 12(3)*, 55–67.

Hu, Y., Y. Koren, and C. Volinsky (2008). Collaborative filtering for implicit feedback datasets. In *Proceedings of the 2008 Eighth IEEE International Conference on Data Mining*, ICDM '08, Washington, DC, USA, pp. 263–272. IEEE Computer Society.

Hunt, E. B., J. Marin, and P. J. Stone (1966). *Experiments in induction*. New York: Academic Press.

Kaggle (2012). Titanic: Machine Learning from Disaster. `https://www.kaggle.com/c/titanic`.

Langtangen, H. (2014). *A Primer on Scientific Programming with Python*. Texts in Computational Science and Engineering. Springer Berlin Heidelberg.

Laplace, P. and A. Dale (2012). *Pierre-Simon Laplace Philosophical Essay on Probabilities: Translated from the fifth French edition of 1825 With Notes by the Translator*. Sources in the History of Mathematics and Physical Sciences. Springer New York.

Le, Q. V., R. Monga, M. Devin, G. Corrado, K. Chen, M. Ranzato, J. Dean, and A. Y. Ng (2011). Building high-level features using large scale unsupervised learning. *CoRR abs/1112.6209*.

Lehren, A. W. and Baker, A. (2009, Jun 18th). In New York, Number of Killings Rises With Heat. *The New York Times*.

Lichman, M. (2013a). UCI Machine Learning Repository, Wine Data. `https://archive.ics.uci.edu/ml/datasets/Wine`. University of California, Irvine, School of Information and Computer Sciences.

Lichman, M. (2013b). UCI Machine Learning Repository, Wisconsin Breast Cancer Database. `https://archive.ics.uci.edu/ml/datasets/Breast+Cancer+Wisconsin+(Original)`. University of California, Irvine, School of Information and Computer Sciences.

Lima, M. (2011). *Visual Complexity: Mapping Patterns of Information*. Princeton Architectural Press.

Lima, M. and B. Shneiderman (2014). *The Book of Trees: Visualizing Branches of Knowledge*. Princeton Architectural Press.

Lohr, S. (2014, Aug 17th). For Big-Data Scientists, 'Janitor Work' Is Key Hurdle to Insights. *The New York Times*.

MacQueen, J. (1967). Some Methods for classification and Analysis of Multivariate Observations. In *Proceedings of 5-th Berkeley Symposium on Mathematical Statistics and Probability*. University of California Press.

Mangasarian, O. L. and W. H. Wolberg (1990, Sep.). Cancer diagnosis via linear programming. *SIAM News 25(5)*, 1 & 18.

Martin, D. (2003, Jan 19th). Douglas Herrick, 82, Dies; Father of West's Jackalope. *The New York Times*.

McCandless, D. (2009). *Information is Beautiful*. Collins.

McGrayne, S. (2011). *The Theory that Would Not Die: How Bayes' Rule Cracked the Enigma Code, Hunted Down Russian Submarines, & Emerged Triumphant from Two Centuries of Controversy*. Yale University Press.

McKinney, W. (2012). *Python for Data Analysis: Data*

Wrangling with Pandas, NumPy, and IPython. O'Reilly Media.

Milligan, Glenn W. and Cooper, Martha C. (1988). A study of standardization of variables in cluster analysis. *Journal of Classification 5*(2), 181–204.

Pearson, K (1904). On the theory of contingency and its relation to association and normal correlation. In *Mathematical Contributions to the Theory of Evolution.* London, UK: Dulau and Co.

Pedregosa, F., G. Varoquaux, A. Gramfort, V. Michel, et al. (2011). Scikit-learn: Machine learning in Python. *Journal of Machine Learning Research 12*, 2825–2830.

Python Software Foundation (1995). Python reference manual. http://www.python.org.

R Core Team (2014). R: A language and environment for statistical computing. http://www.R-project.org.

Rogel-Salazar, J. (2014). *Essential MATLAB and Octave.* Taylor & Francis.

Rogel-Salazar, J. (2016a, Jan). Data Science Tweets. 10.6084/m9.figshare.2062551.v1.

Rogel-Salazar, J. (2016b, Jan). Jackalope Image. 10.6084/m9.figshare.2067186.v1.

Rogel-Salazar, J. and N. Sapsford (2014). Seasonal effects in natural gas prices and the impact of the economic recession. *Wilmott 2014*(74), 74–81.

Rousseeuw, P. J. (1987). Silhouettes: a Graphical Aid to the Interpretation and Validation of Cluster Analysis. *Comp. and App. Mathematics 20*, 53–65.

Scientific Computing Tools for Python (2013). NumPy. http://www.numpy.org.

Takács, G. and D. Tikk (2012). Alternating least squares for personalized ranking. In *Proceedings of the Sixth ACM Conference on Recommender Systems*, RecSys '12, New York, NY, USA, pp. 83–90. ACM.

Tibshirani, R. (1996). Regression Shrinkage and Selection via the Lasso. *J. R. Statist. Soc. B 58*(1), 267–288.

Toelken, B. (2013). *The Dynamics of Folklore*. University Press of Colorado.

Töscher, A. and M. Jahrer (2009). The BigChaos solution to the Netflix grand prize. http://www.netflixprize.com/assets/GrandPrize2009_BPC_BigChaos.pdf.

Turing, A. M. (1936). On computable numbers, with an application to the Entsheidungsproblem. *Proceedings of the London Mathematical Society 42*(2), 230–265.

Turing, A. M. (1950). Computing machinery and intelligence. *Mind 59*, 433–460.

Weir, A. (2014). *The Martian: A Novel*. Crown/Archetype.

Wolpert, D. H. (1992). Stacked generalization. *Neural Networks 5*(2), 241–259.

Zimmer, C. (2012). *Rabbits with Horns and Other Astounding Viruses*. Chicago Shorts. University of Chicago Press.

Zingg, R., J. Fikes, P. Weigand, and C. de Weigand (2004). *Huichol Mythology*. University of Arizona Press.

Zooniverse. Projects. https://www.zooniverse.org/projects.

利用Python进行数据分析（原书第2版）

书号：978-7-111-60370-2　作者：Wes McKinney　定价：119.00元

Python数据分析经典畅销书全新升级，第1版中文版累计印刷10万册

Python pandas创始人亲自执笔，Python语言的核心开发人员鼎立推荐

针对Python 3.6进行全面修订和更新，涵盖新版的pandas、NumPy、IPython和Jupyter，并增加大量实际案例，可以帮助你高效解决一系列数据分析问题